高端科技专著丛书

临近海面空间内多智能体协同任务优化

崔亚妮　任　佳　杜文才　编著

電子工業出版社
Publishing House of Electronics Industry
北京·BEIJING

内 容 简 介

相对于“空-天-海-地”大尺度空间，海平面以上3000米至海平面以下200米的贴海区域被称作临近海面空间。目前，世界各海洋军事强国都在积极开展临近海面空间内的多类型智能体协同技术研究，期望形成多类型智能体协同指挥、协同控制、协同侦察和协同打击的新型海洋无人作战体系。根据这一发展趋势，本书对临近海面空间内多智能体的编队编成方法、组网优化方法和协同任务规划方法进行介绍，根据应用场景详细阐述多智能体编队编成算法、网络拓扑优化控制算法和集中式/分布式动态任务规划算法，并给出上述算法的应用实例。

图书在版编目（CIP）数据

临近海面空间内多智能体协同任务优化/崔亚妮，任佳，杜文才编著. —北京：电子工业出版社，2017.11

（高端科技专著丛书）

ISBN 978-7-121-32992-0

Ⅰ. ①临… Ⅱ. ①崔… ②任… ③杜… Ⅲ. ①海面－智能通信网－研究 Ⅳ. ①TN915.5

中国版本图书馆CIP数据核字（2017）第264348号

策划编辑：牛平月
责任编辑：赵丽松
印　　刷：三河市鑫金马印装有限公司
装　　订：三河市鑫金马印装有限公司
出版发行：电子工业出版社
　　　　　北京市海淀区万寿路173信箱　邮编 100036
开　　本：720×1 000　1/16　印张：10.25　字数：192千字
版　　次：2017年11月第1版
印　　次：2017年11月第1次印刷
定　　价：48.00元

凡所购买电子工业出版社图书有缺损问题，请向购买书店调换。若书店售缺，请与本社发行部联系，联系及邮购电话：（010）88254888，88258888。

质量投诉请发邮件至zlts@phei.com.cn，盗版侵权举报请发邮件至dbqq@phei.com.cn。

本书咨询联系方式：（010）88254454，niupy@phei.com.cn。

前言

<<<<<< PREFACE

形成海洋区域信息化、精细化、立体化管理，提高我国海洋安全保障、应急处置、环境监测和海上智能化作业能力，是实现海上丝绸之路经济繁荣稳定的重要保障，是我国建设成为海洋强国，提升负责任大国形象的强大助力。

海洋新技术、新装备的应用与突破，是建设海洋强国的重要途径和组成部分。为此，我国在 2014 年、2015 年国家 863 计划中连续部署了“深远海海洋动力环境监测关键技术与系统集成”和“未来一体化网络关键技术和示范”重大专项。2016 年发布了“海洋环境安全保障”国家重点研发计划。从上述研究计划布局可以看出，我国正在逐步建设以星基通信/观测为基础、空中平台为延伸、水面和水下自主航行器为触手的立体化海洋信息系统。

相对于“空—天—海—地”大尺度空间，海平面以上 3000 米至海平面以下 200 米的贴海区域是人类在海洋发生社会活动、经济行为和军事斗争的主要区域，可称该区域为临近海面空间。目前，世界各海洋军事强国都在积极开展临近海面空间内的多类型智能体协同技术研究，期望形成多类型智能体协同指挥、协同控制、协同侦察和协同打击的新型海洋无人作战体系。根据这一发展趋势，本书将围绕临近海面空间内多智能体的编队编成、组网优化和协同任务规划等应用背景，构建多智能体编队编成算法、网络拓扑优化控制算法和集中式/分布式动态任务规划算法，并在无人机与无人船的协同作战任务背景下进行应用。

本书内容共分三个部分。

第一部分主要是全书相关内容的背景介绍，包括第 1 章和第 2 章。第 1 章主要介绍了国内外相关领域的研究动态和发展趋势，回顾了多智能体协同任务规划和多智能体通信组网优化领域涉及的主要研究方法，围绕临近海面空间阐述了多智能体的编队编成、组网优化和协同任务规划的任务背景及关键科学问题，并以此为基础引申出本书其他相关内容。第 2 章主要介绍一种新兴海洋智能装备——无人水面艇技术的演进过程及发展现状，并重点对其在各领域的应用前景进行阐述与分析。

第二部分主要介绍临近海面空间内多智能体通信组网优化方法，包括第 3 章和第 4 章。第 3 章围绕海上多智能体的编队编成问题，介绍了一种基于改进二进制粒子群优化的编队编成算法，并以南海无人岛礁防卫为任务背景，阐述了海上多智能体的编队编成问题，以及 BPSO 算法在该问题中的应用。第 4 章针对海上多智能体通信网络拓扑优化与控制问题，结合海上无线电波的传播环境，构建了海上无线电波传播模型，并将该海上无线电波传播模型与 DPSO 算法结合，在海上智能体网络拓扑优化控制中进行应用。

第三部分主要介绍临近海面空间内多智能体协同任务规划方法，包括第 5 章和第 6 章。第 5 章介绍了海上多智能体协同打击时敏目标集中式任务规划方法。针对海上任务持续时间的不确定问题，介绍了一种基于时间窗口机制的集中式动态任务规划算法。该方法主要用于保证智能体在有效的时间窗口内到达打击点，完成全部时敏目标的打击任务，并均衡地分配打击任务，发挥多智能体协同作战能力。第 6 章介绍海上多智能体协同目标跟踪分布式任务规划方法。对分布式控制方式下的多智能体协同跟踪多个移动目标的过程进行了详细描述，将其分解为通信决策、任务分配和路径规划三个子问题，给出了相应的解决方案和仿真实例。

全书由崔亚妮、任佳、杜文才共同撰写，并由任佳和崔亚妮负责统稿。具体分工为：崔亚妮主要撰写第 3 章、第 4 章、第 5 章，合计版面字数约为 10 万字；任佳主要撰写第 1 章、第 2 章、第 6 章，合计版面字数约为 9.2 万字；由杜文才进行资料整理。同时，在本书撰写过程中得到交通运输部规划研究院王福斋，俄罗斯莫斯科动力学院 Vladimir Shikhin，海南大学张育、陈褒丹、刘文进、沈荻帆、刘琨、张胜男和戴晶帼的支持与帮助。

本书是编著者在多年从事多智能体协同控制和海洋通信技术研究基础上整理而成的。其撰写和出版得到国家国际科技合作专项（2015DFR10510）和国家自然科学基金项目（61440048）（61562018）的资助。

由于作者水平有限，书中难免存在疏漏和错误之处，敬请读者不吝指正。

编著者

2017 年 8 月

<<<<< CONTENTS

第1章 临近海面空间多智能体协同技术

1.1 海洋智能装备应用前景

我国 90%的进出口贸易，80%的渔业资源，50%的能源输入来自海洋。“海兴则国强民富，海衰则国弱民穷”。要保持我国经济稳步增长，实现中华民族的伟大复兴，建设海洋强国是必由之路[1]。

我国南海管辖海域面积为 210 多万平方千米，该地区不仅是我国能源、水资源、渔业资源的重要储备区域，拥有极高的经济和航运价值，也是我国维权执法、领海/领空保护的重点区域。目前，西方某些国家利用无人机（Unmanned Aerial Vehicle，UAV）、无人水面艇（Unmanned Surface Vehicle，USV）和水下潜航器（Unmanned Undersea Vehicle，UUV）对我国南海海域进行非法测绘，对我国领海安全造成了重大威胁。在这种紧迫的安全形式下，我国在继续加大新型海洋智能装备研发力度的同时，需要研究海洋任务环境下智能装备协同组网、协同指挥、协同控制的有效技术手段，探索出一条围绕多类型海洋智能装备协同化应用的可实施路径，为我国南海权益保护和捍卫领土完整提供强大助力。

海洋新技术、新装备的应用与突破是建设海洋强国的重要途径和组成部分。为此，我国在 2014 年、2015 年国家 863 计划中连续部署了“深远海海洋动力环境监测关键技术与系统集成”和“未来一体化网络关键技术和示范”重大专项。2016 年发布了“海洋环境安全保障”国家重点研发计划。从上述研究计划布局可以看出，我国正在逐步建设以星基通信/观测为基础，空中平台为延伸，水面和水下自主航行器为触手的立体化海洋信息系统。

作为海洋信息系统的重要环节，UAV、USV、UUV、海上观测/通信浮漂（Maritime Observation/Communication Float，MOCF）等新型海洋智能装备已成为各海洋科技强国争相研究的对象。

我国从“十五”期间开始逐步加大对海洋相关领域的投资力度，研制出了多种类型、性能先进的海洋智能装备，如：中国航天科技集团公司十一院研制的“蓝色海鸥”彩虹—4 型长航时海洋环境监测 UAV；中国科学院电子学研究所研制的船舶自主起降 UAV；天津大学研制的波浪能为主驱动力的海洋观测波浪滑翔器；哈尔滨工程大学研制的远程复合动力快速 USV；中国科学院沈阳自动化研究所研制的 UUV 组网观测系统等。与此同时，2015 年我国在 11 个沿海省市部署了 UAV 侦测基地，通过空中侦测手段弥补卫星侦测的不足，加强我国管辖海域的海洋生态环境和领土安全的监管力度。

相较于我国海洋智能装备的技术水平，以美国、以色列、英国为代表的西方海洋强国，无论是海洋智能装备的工艺，还是海洋智能装备的任务执行能力，都处于领先水平。例如：美国目前已研制了四种类型 USV，分别用于海域搜索、反潜/反水雷、火力支援、水下传感器投放/回收等任务；研制的 Wave Glider 无动力波浪艇开始在“阿利·伯克”级驱逐舰上进行部署，国家以提升水面舰艇的水下作战能力；国家研制的“MQ-4C”UAV 可实现宽广海域侦察和信息采集；以色列研制的 Heron 海上长航时 UAV 与“KATANA”USV 实现了中远海侦察与打击一体化。

根据美国近期发布的无人系统发展路线图，以及正在开展的海洋智能装备测试工作，无人系统技术发展方向已从以人员控制为中心的单智能体作业模式转向以网络为中心的多智能体协同模式[2]。在此技术演进路线下，美国 TEXTRON 公司于 2012 年开展了 USV 协同控制技术研发，并利用 USV 平台搭载 UUV 实现水面—水下协同反水雷作战测试。2016 年 10 月，美国海军在切萨皮克海湾进行了为期一个月的海上 USV 测试，在无人干预的情况下，利用 4 艘 USV 协同完成了巡逻、目标识别、目标跟踪等任务。以色列近期开展了

“Heron”UAV、“KATANA”USV、有人舰艇间的协同作战演练，通过反恐、反潜、海面火力支援等一系列测试，逐步形成了海洋智能装备协同作战体系。在该发展趋势下，各海洋强国在继续提升海洋智能装备自主控制能力的同时，正在逐步加强海洋智能装备的协同任务执行能力，期望形成多类型智能体协同指挥、协同控制、协同侦察和协同打击的海洋无人作战体系。

通过查阅国内外现有海洋智能装备的技术参数，发现相关装备在海洋环境下的作业范围主要集中在海平面以上 3000m 至海平面以下 200m 的贴海区域。该区域也是人类经济活动和军事斗争最为频繁的区域。为了更加清晰地描述海洋智能装备组网优化与协同任务规划在该区域内面临的关键科学问题，相对于“空—天—海—地”大尺度空间，本书将该区域命名为临近海面空间，如图 1-1 所示。

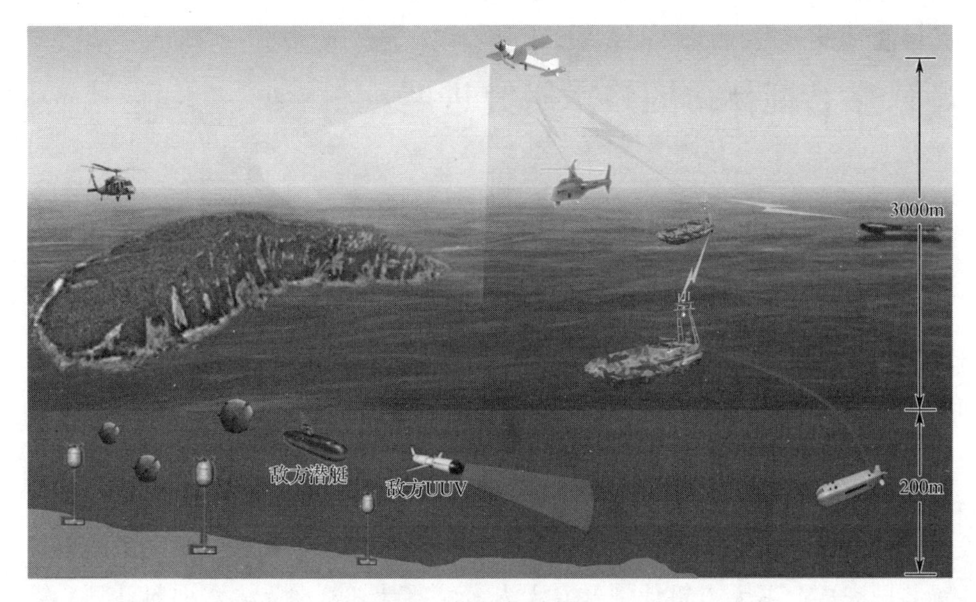

图 1-1 临近海面空间

相较于现有的陆地或空中多智能体协同技术，海洋智能装备在临近海面空间内的组网优化与协同任务规划具有以下特点：

（1）任务场景主要为贴近海面区域，无线电波传播特性与陆地有较大差异；

（2）任务环境缺少通信保障基础设施，智能体之间需要通过动态组网实现信息传递；

（3）任务环境海况气象条件复杂多变，智能体之间通信链路维持难以保障，需要提高智能体之间的通信效率；

（4）任务类型具有海洋自身特点，且海上任务特征存在显著的时变特性，海洋智能装备的任务执行效能需要得到充分保证。

针对上述特点，本书围绕临近海面空间内多智能体组网优化与任务规划涉及的关键问题，开展了多智能体编队编成、网络拓扑优化控制、集中式/分布式动态任务规划等理论方法研究，并从南海维权、领海/领空保护的实际需求出发，在海上协同任务背景下对介绍的方法进行验证。在此基础上形成的多智能体协同理论方法和应用技术，将为我国海洋智能装备技术研究与应用提供方法借鉴与技术储备。

1.2 多智能体协同技术研究进展

1.2.1 海洋智能装备

随着通信技术、作战平台技术和远程指挥控制技术的快速发展，海洋智能装备应用涵盖了海洋战场环境信息收集、海面及水下侦察监视、作战打击、后勤支援等诸多领域。可想而知，海洋智能装备将在未来海洋军事对抗和空海一体化作战中占据重要地位。

美国作为海洋智能装备技术的先进代表，在该国国防部《无人系统发展路线图》的指导下，先后制定了《无人地面车联合计划》（美国海军陆战队同美国陆军共同完成）、《无人机计划》、《无人潜航器计划》、《无人水面艇计划》等发展蓝图，对作战领域内的多类型无人智能装备技术演进提供指导意见。下面对临近海面空间内部署实施的 USV 和 UAV 技术发展现状进行介绍。

1. USV 技术

USV 是指依靠远程操控或自主航行的无人化、智能化船舶，可通过飞机或大型舰艇携载，到达预定地点后进行施放，也可直接在近岸使用，以满足不同的任务要求[3]。根据资料显示，截至 2016 年 6 月，美国、以色列、英国、法国、德国等十几个国家研制了多种型号、多种用途的 USV，如“斯巴达侦察兵”、“海上猫头鹰”、“海狐狸”、“天龙星”、“反潜战持续跟踪水面无人艇—ACTUV”、“大拖力水面无人艇”、“幽灵卫士”、“港翼 X 系列”、“哨兵”、“水虎鱼”等。上述 USV 在军事领域已形成较完善的应用体系，能够支持常规打击、介入作战、水雷/声呐/潜标布设、反潜等进攻任务，以及防空、防御性反潜、反水雷等防御任务。

相对于西方海洋科技强国，我国 USV 技术起步较晚，技术水平相对落后。目前，我国研制的 USV 主要包括：中国航天科工集团公司和中国气象局大气探测技术中心共同研制的“天象一号”USV；四方公司研制的“双 M”型隐身船；上海大学、中船重工和上海海事海测大队三方联合研制的“精海”无人测量艇。此外，国内目前约有 15 家单位正在从事 USV 产品的研发，主要代表有西北工业大学、北京航空航天大学、哈尔滨工程大学、海军大连舰艇学院、武汉理工大学、江苏科技大学等，相关单位研制的 USV 都处于湖面或近海试验阶段。

根据目前各国 USV 的研发进展情况，按照 USV 的功能可将 USV 分为以下 4 类。

（1）X 级 USV，是一种小型、非标准化的 USV，此类 USV 主要承担特种部队作战任务和海上拦截行动。X 级 USV 平台主要通过对有人驾驶水面设备进行无人化改造，为使用者提供了价格低廉的智能、监管、侦察服务。

（2）港口级 USV，由海军标准钢性充气冲锋艇改装而成，具有较高的智能、监视、侦察能力，并且通过搭载杀伤性和非杀伤性武器，以承担航海安全任务。由于西方各国港口级 USV 都以标准的 7M 冲锋艇改装而成，因此该型 USV 可支撑大多数舰队的快速换装。

（3）浮潜级 USV，采用全钢制全封闭设计，可承担反水雷搜索、反潜/海上防御及高隐秘性任务。该类型 USV 水下最高速度达 25 节（kn）。在相同尺寸和推力下，半潜 USV 任务载荷搭载能力是水面 USV 的 1.5 倍。

（4）舰艇级 USV，是根据载荷工作要求而设计的一类 USV。该类型的 USV 可利用船载声呐等传感器完成水雷扫描、航道保护、反潜侦察/打击等任务。

通过对 USV 技术资料的分析，总结出 USV 技术的主要发展趋势如下：

（1）减少信息交互，主要通过自主控制技术减少 USV 的数据指令发送，利用先进的自主目标识别、态势评估、任务决策技术减少 USV 的数据请求；

（2）增强协同作战能力，利用协同指控系统（指挥、控制、通信、计算机）实现四种类型 USV 的协同作战；

（3）平台模块化，方便海上舰艇搭载和控制，能够形成海上常规作战任务的功能模块，完成危险事件的监测与信息实时反馈，实现水面舰艇人员对 USV 的操控；

（4）降低人员干预，USV 应从最初的“人参与”控制链路回路，逐渐演进为半自动化，直至完全自主控制。

2. UAV 技术

相较于 USV 的工作区域，UAV 是在距海平面一定高度下进行作业的智能体。目前，在临近海面空间内使用的 UAV 技术成熟度较高，机载设备覆盖海域面积广，搜索范围大，能够利用无线链路将获得的侦察信息及时传递给 USV 和有人舰艇，提高了海洋战场环境的感知能力，延长了 USV 和有人舰艇海面作战预警时间。此外，UAV 可利用其机载通信设备执行通信中继、武器制导和任务规划/评估等任务[4]。如果 UAV 加载攻击性武器，还可以对海面目标和岛屿目标实施远距离精确打击。

目前，可在临近海面空间内使用的 UAV 主要包括三种类型：从陆地和航母起飞的长航时察/打一体化 UAV，舰载 UAV 和潜射 UAV。由于从陆地和航母起飞的长航时察/打一体化 UAV 对起降场地依赖性较大，且对深远海战场突发任务支援的时效性较差，美国国防部高级研究计划局（Defense Advanced Research Projects Agency，DARPA）从持久性空中情报的获取、海区监视/侦察、待机精确打击等方面考虑，提出“必须发展以舰船，而不是以航母或岸基为依托的 UAV 持久性空中支援技术”。

DARPA 通过计算发现，全球约 97%的陆地区域位于距离海岸线不超过 1700km 的范围内，全球年平均海况在 5 级以下的海域约占全球海洋面积的 73%。因此，以常规舰船为基础平台，通过搭载 UAV，可形成一个持久性海区空中侦察、情报获取和打击的巡逻圈。为此，美国在 2013 年启动了“TERN UAV”项目，目的是为海军 200 多艘各种类型的舰船上配备能够实现起飞、操作和回收功能的 UAV，并要求该型 UAV 的作战能力要与陆基“捕食者”UAV 相当。2016 年 1 月，DARPA 和诺斯洛普·格鲁门公司（Northrop Grumman）官方网站先后宣布了“TERN UAV”合同授予事宜，公布了该机的概念图，计划在 2017 财年完成新一代美军舰载 UAV 加油机 MQ-25“黄貂鱼”（Stingray）的竞标工作。与此同时，DARPA 决定将近年引起广泛关注的 X-47B 型 UAV 研发项目下马。

在“TERN UAV”项目立项的同时，DARPA 为进一步提升海军水下作战能力，正式与洛克希德·马丁和通用动力电船公司合作，开展“潜射与回收多功能 UAV”的研发工作。经过几年的研发和测试，洛克希德·马丁公司正式推出“鸬鹚（Cormorant）”潜射 UAV。在此技术的基础上，美国海军对“俄亥俄”级战略导弹核潜艇群中的一部分进行改装，利用“鸬鹚”潜射 UAV 提高潜艇的战役战术执行能力。

相对我国陆基 UAV 技术发展水平，我国海军舰载 UAV 发展较为滞后。2011 年，中国海军两种舰载无人机陆续曝光，主要平台为奥地利产 S-100 和瑞典赛博公司的 APID-60 舰载 UAV。此外，中国海军还装备了 ASN-206UAV、Z-5 无人直升机等。2011 年 7 月，我国首次在官方媒体公开了有关我国海军部队开始运用 UAV 进行战场远程通信支援演练的报道。该报道称，该型 UAV 就是由“ASN-206/209”平台改装而成，可完成海面反电子侦察、空中中继、大量情报传递、特情处置等任务，能够在海面构建起一张覆盖数百千米的战场通信网络。

UAV 技术发展非常迅速，各军事大国在 UAV 自主控制技术的基础上，都在争相研究执行复杂任务的多机协同控制与通信组网技术，主要发展趋势如下所述：

（1）多 UAV 协同编队控制与协同航迹规划。UAV 编队应根据战场环境与态势进行队列变化与保持，从而进一步使交战区域内的 UAV 编队可根据多约束条件（空间约束、时间约束、环境约束、任务约束等），规划 UAV 编队中的每架 UAV 飞行轨迹，使 UAV 编队飞行性能最优。

（2）战场环境中多 UAV 协同任务决策。海洋战场环境中的不确定因素较多，根据交战状况，UAV 编队预规划任务也将随着交战态势发生变化，尤其在各种突发情况下（目标状态剧烈变化、突发威胁产生、敌方交战策略变化等）

编队意图无法实现时，UAV 编队需要根据作战环境变化情况迅速协调各架 UAV，达到作战效能的最大化。

（3）网络化条件下多 UAV 协同控制。UAV 编队作为海洋战场环境中的一个作战单元，除了需要完成编队内部信息的收发，还要能够与作战指控中心、其他海上作战智能体构建成一个综合性的通信网络，以满足海洋战场多类型智能体协同作战的要求。然而，构建的通信网络可能在敌方电磁干扰、海洋环境干扰下出现通信带宽受限、传输损耗、传输信息丢失等情况。因此，需要对多智能体网络优化技术进行研究。

根据 USV 和 UAV 技术发展趋势，有效地形成多智能体协同任务执行能力已成为无人系统未来发展的重要方向。多智能体协同思想最早由美国 DARPA 提出，其初衷是实现较少操作人员对大规模智能体编队的控制。近年来，随着应用于海洋环境的 UAV、USV 和 UUV 等智能体的“测—控—通信”能力不断提高，智能体协同作业、集群作战等内容成为研究热点。根据公开资料和文献可知，多智能体协同技术研究内容可归为两类：基于控制理论，研究多智能体协同任务决策[5][6]；基于通信理论，研究多智能体通信组网优化[7][8]。下面对多智能体协同任务决策和通信组网优化的国内外发展现状进行介绍和分析。

1.2.2 多智能体协同任务规划

多智能体协同任务规划是指智能体编队根据任务安排、战场态势、目标状态和编队内各智能体属性特征，做出的合理性任务分配及运动轨迹制定，以确保编队任务执行效能的最大化。因此，多智能体协同任务规划可以分解为两部分，即多智能体协同任务分配和多智能体协同路径规划。

1. 多智能体协同任务分配

多智能体协同任务分配是指，基于特定的环境信息和任务需求，在智能体自身性能的约束下，为多智能体编队中的智能体分配一个或多个有序的任务，避免资源的冲突和浪费，保证各智能体以最小的代价执行任务，确保编队任务执行效能的最大化。

多智能体协同任务分配问题是一个典型的多约束组合优化问题[9-11]。其过程可以分为建模和解算两个部分，即在多智能体协同任务分配过程中，首先根据环境信息和任务需求等信息，对多智能体协同任务分配问题进行合理抽象，明确其优化目标和约束条件，建立合理的任务分配模型；然后，利用合理的优化方法对构建的任务分配模型进行动态解算。多智能体协同任务分配处理流程图如图 1-2 所示。

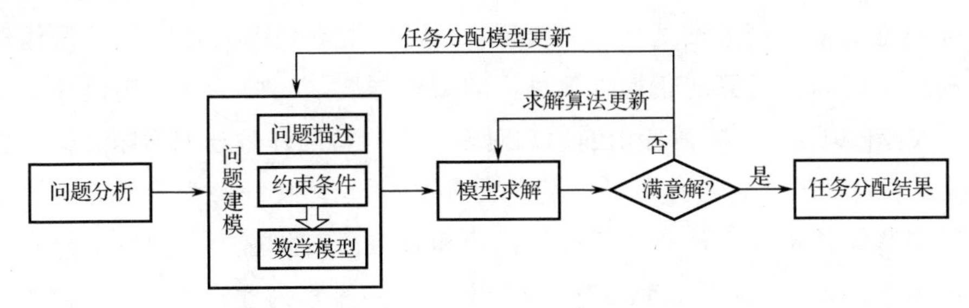

图 1-2　多智能体协同任务分配处理流程图

下面将从协同任务分配模型构建和协同任务分配模型解算两个方面阐述国内外研究现状。

1）协同任务分配模型

早期研究人员一般采用经典数学优化模型对多智能体协同任务分配问题进行建模，主要包括多旅行商问题（Multiple Travelling Salesman Problem，MTSP）模型[12-14]、车辆路径问题（Vehicle Routing Problem，VRP）模型[15-17]、网络流优化（Network Flow Optimization，NFO）模型[18][19]、混合整数线性规划（Mixed Integer Linear Programming，MILP）模型[20-23]、资源福利问题（Resource Welfare Problem，RWP）模型[24][25]等。其中，MTSP 模型和 VRP 模型适合单一类型任务分配模型的构建，而对于多类型任务（如多智能体执行侦察/打击/评估一体化任务）分配模型的构建并不适用。RWP 模型来源于经济学中的社会福利分配问题，主要对多智能体联盟问题中的任务分配问题进行抽象表征。

MILP 模型是目前较为流行的多智能体协同任务分配模型，该模型将多智能体协同任务分配问题转换为整数规划问题，并且在构建任务分配模型的过程中可引入多种约束条件。文献[21]在时间窗口、任务时序、任务类型能力和最大航程等约束条件下，基于 MILP 模型构建了协同任务分配模型。文献[22][23]针对多智能体协同执行侦察/打击/评估一体化任务，在任务时序、任务时间窗口等约束下，基于 MILP 模型构建了多智能体协同任务分配模型。

采用经典数学优化模型对多智能体协同任务分配问题进行建模时，需要对复杂的任务分配问题进行简化，这就使得模型难以充分表达复杂任务分配过程中多个影响因素间的潜在关系。为此，研究人员将机器学习[26][27]、博弈理论[28-30]、信息论[31]、随机论[32]等方法引入多智能体协同任务分配模型中，以增强任务分配模型对复杂任务的适应性。文献[27]以打击多个地面时敏目标为任务背景，利用支持向量机算法获得时敏目标的威胁程度，在此基础上构建任务分配模型。文献[29]利用经典博弈论的思想对多智能体协同任务分配问题进行分析建模。文献[31]以多智能体协同执行侦察/打击/评估一体化任务为背景，应用信息熵表征多智能体执行三种类型任务的代价和收益，在此基础上构建了异构多智能体协同任务分配模型。文献[32]以马尔科夫决策过程为理论基础，综合考虑任务执行时间、任务时序、智能体与任务的状态等因素，构建了基于马尔科夫决策过程的多智能体动态任务分配模型。

2）协同任务分配模型解算方法

在构建多智能体协同任务分配模型的基础上，需要利用合适的优化算法对任务分配模型进行解算。应用于多智能体协同任务分配解算的优化方法种类繁多，根据智能体编队控制方式，协同任务分配模型解算优化方法可分为以下两类。

（1）集中式任务分配算法：是指编队内仅有一个智能体承担决策，而其他智能体将自身的任务执行代价或任务执行收益信息发送给决策智能体。决策智能体通过信息汇总，利用任务分配算法完成编队任务分配解算，并将解算结果下发至其他智能体。根据是否获得任务分配的全局最优解，集中式任务分配算法可分为最优化算法和启发式算法两类。

最优化算法是指在智能体自身性能、任务时序和其他因素的共同约束下，通过对任务分配模型的解空间遍历搜索，获取全局最优任务分配结果的一类算法。该类算法主要包括：匈牙利算法[33]、动态规划（Dynamic Programming，DP）算法[34-36]、分支定界（Branch and Bound）算法[37][38]、广度优先搜索（Breadth-First Search，BFS）[39]算法、深度优先搜索（Depth-First Search，DFS）算法等。由于需要搜索全部解空间，使得最优化算法复杂度较高，研究人员通常利用待解算问题的特定结构特征来缩小解空间范围，以降低算法的复杂度，提高算法的解算速度[38]。虽然这种操作方式在一定程度上降低了算法的复杂度，但当解算问题的规模较大时，解空间会呈现指数性增长，将导致算法复杂度和解算时间急剧增加，通过遍历整个解空间以获取最优解往往难以实现，这就是多智能体协同任务分配问题的NP（Non-deteminstic Polynomial，NP）难特征[12][40]。因此，最优化算法适于解算问题规模小的任务分配问题。

启发式算法是指在智能体自身性能、任务时序和其他因素的共同约束下，在任务分配模型的解空间内进行随机搜索，通过解算时间与解算精度之间的平衡，确保在可接受的解算时间内和计算代价下获得任务分配模型的次优解或满意解。该类算法主要包括：以禁忌搜索（Tabu Search，TS）为代表的随机搜索算法[41]，以模拟退火（Simulated Annealing，SA）算法[42][43]、遗传算法（Genetic Algorithm，GA）[44][45]、差分进化（Differential Evolution，DE）算法[46]、蚁群优化（Ant Colony Optimization，ACO）算法[47][48]和粒子群优化（Particle Swarm Optimization，PSO）算法[49-51]为代表的智能优化算法。其中，随机搜索算法采用随机搜索方式进行无方向迭代寻优，算法搜索效率低，易陷入局部最优，该算法适用于解空间紧致分布问题的解算[41]。相较于随机搜索算法，智能优化算法则采用随机化技术指导算法进行有方向的迭代寻优，算法搜索效率高，且利用这类算法解算多智能体协同任务分配问题时，对任务分配模型的特征没有过多要求，只需要把任务分配模型的决策变量、目标函数等依次映射为算法的运算对象、搜索信息等要素即可。因此，这类算法在智能体协同任务分配问题的解算中得到了广泛应用。文献[42]提出了一种参数自适应的 SA 算法以实现多智能体协同对地观测任务分配。文献[45]在多智能体协同执行目标分类/打击/评估一体化任务的背景下，利用 GA 算法完成了任务分配。文献[47]针对多智能体打击突发威胁的任务分配问题，利用 ACO 算法完成了任务分配。文献[49]在任务优先级、任务执行时间及智能体自身性能的约束下，以编队任务执行代价作为粒子的适应度函数，利用 PSO 算法实现了编队任务分配。由于各类型智能算法解算原理不同，使得各类型智能算法具有的优缺点也不同。为此，研究人员提出了多种混合智能优化算法，扬长避短，大大提高了算法的寻优能力和收敛速度。例如：文献[52]将 GA 算法和 ACO 算法相结合实现多智能体的协同任务分配。文献[53]提出了将 SA 算法和 GA 算法相结合的混合算法，该算法充分利用 SA 算法的局部搜索能力和 GA 算法的全局寻优能力，加快算法的解算速度。文献[54]针对 PSO 算法解算任务分配问题时易出现的早熟收敛现象，借鉴 GA 算法的交叉变异机制，保证了粒子种群的多样性，提高了 PSO 算法的全局搜索能力。

（2）分布式任务分配算法：在分布式控制方式下，由于各智能体搭载的传感器的观测精度存在差异，以及观测噪声等不确定因素的影响，若各智能体根据自身的观测信息进行任务分配并按分配结果执行任务，往往会造成各智能体之间任务分配结果冲突，从而造成不必要的消耗，编队的任务执行效能将大幅度降低。因此，在分布式控制方式下，参与执行任务的各智能体间需要进行有效的消息传递和数据交换，以达到编队任务分配的共识，确保编队任务执行效能的最大化[55][56]。根据编队内智能体达成共识的方式，可将分布式任务分配算法分为两类——基于态势信息一致性的分布式任务分配算法和基于任务一致性的分布式任务分配算法。

基于态势信息一致性的任务分配算法是一种先共识再分配的算法。编队内部先进行信息交互（交互信息内容为各智能体传感器所获取的观测信息），然后各智能体对接收的观测信息进行融合处理，使编队内的态势信息达到共识。在此基础上，可利用 DP 算法、BFS 算法等最优化算法或 GA 算法、PSO 算法等启发式算法对编队任务分配进行解算[57][61]。例如：文献[57][58]利用卡尔曼滤波算法对各智能体的局部信息进行融合处理，实现编队态势信息的共识。文献[59]提出了一种基于信息一致性的全局共识算法，以消除信息传输过程的噪声等不确定的影响。Peterson 等人提出了一种主动—被动共识滤波（Active-Passive Dynamic Consensus Filters，APDCF）算法实现编队态势信息的一致性，该算法依据智能体观测信息的价值将智能体区分为主动智能体和被动智能体，并以此为度量标准，确定编队信息融合的权重[60][62]。该类算法通过对各智能体全部观测信息的共享和融合处理，实现了编队态势信息的一致性，从而获得全局最优的任务分配。但该类算法需要编队内部进行频繁的信息交互，将导致各智能体在大量的交互信息下反复进行融合处理，从而延长了编队内部态势信息达到共识的时间，增加了任务分配算法的复杂度，也会造成通信资源的浪费。

基于任务一致性的任务分配算法是一种先分配再共识的算法。编队内各智能体先利用自身观测信息进行任务分配，然后通过编队内部信息交互（交互信息内容为各智能体的任务分配结果、任务执行代价或收益等指标）实现任务分配结果的共识[63][64]。与基于态势信息一致性的任务分配算法相比，该算法能够有效降低交互信息的数据规模，节省通信资源，减少编队数据融合成本，降低任务分配算法的复杂度，提高任务分配效率。

基于市场机制的任务分配共识算法是目前应用最广泛的基于任务一致性的分布式任务分配算法。Smith 等人首次将市场机制应用到智能体分布式任务分配问题的解算[65]。该类算法借鉴市场机制中物品交易过程，将任务作为待交易的物品，智能体作为购买物品的竞拍者，通过“拍卖—竞拍—中标”机制实现编队的任务分配。文献[63]表明，基于市场机制的任务分配算法简单直观，易于实现，在分布式任务分配问题解算中有着较大的优势。文献[66]提出了一种基于拍卖机制的分布式任务分配算法，该算法通过编队内所有智能体间的信息交互实现编队的任务分配，在多智能体通信网络全连通的情况下，能够获得全局最优的任务分配。文献[67]针对多智能体协同救援问题，提出了一种基于拍卖算法的动态任务分配算法，该算法根据智能体的任务执行能力及任务执行速度实现任务的动态重分配，具有良好的动态适应性，能够有效地适应救援环境的动态变化。文献[31]利用分布式拍卖算法解决多智能体协同执行侦察/打击/评估一体化任务的分配问题。美国麻省理工学院航空控制实验室知名学者 Jonathan 等提出了基于拍卖机制的捆绑一致性算法（Consensus-Based Bundle Algorithm，CBBA）及其衍生算法[68-72]，解决了复杂环境下的多智能体任务分配问题。但这些算法仅通过邻居智能体间的协调避免任务分配的冲突，往往无法获得任务分配的全局最优解。

2. 多智能体协同路径规划

多智能体协同路径规划是指智能体编队根据任务分配结果，在智能体自身性能、时间协同和空间协同的约束下，为各智能体制定的任务执行运动路径。多智能体协同路径规划算法需要根据任务分配结果，保证编队各智能体在预定时间内到达任务执行地点，确保智能体向任务地点机动的过程中避免相互碰撞，并有效规避威胁和障碍物。多智能体协同路径规划算法可分为离线路径规划算法和在线路径规划算法两大类。

1）离线路径规划

离线路径规划是一种全局路径规划方法，即在任务执行环境信息完全已知的情况下，为编队内各智能体预先构造任务执行路径[73][74]。

地图构建路径规划算法是离线路径规划算法的基本方法。这类方法根据已知的全局信息，对任务环境中包含的智能体、任务目标、障碍物和威胁的空间位置进行准确建模，在此基础上依据给定的约束规则进行路径规划。单元分解法（Cell Decomposition）[75]、可视图法（Visibility Graph）[76]和 Voronoi 图法（Voronoi Diagram）[77]是地图构建路径规划算法的典型应用。

然而，当任务执行环境中存在多个障碍物和威胁时，多智能体路径规划问题的解算将演变为 NP 难问题，尤其是障碍物或威胁的状态存在不确定性，将导致多智能体路径规划问题变得更为复杂[78]。为此，研究人员将多种启发式算法运用于智能体离线路径规划研究中，主要包括：A*算法[79][80]、SA 算法[81][82]、GA 算法[83-85]、ACO 算法[86-88]、PSO 算法[89-91]等。文献[79]针对 A*路径规划算法难以满足智能体最小转弯半径等性能约束的限制，对 A*算法进行改进，从而实现智能体的路径规划。文献[82]提出了一种改进的 SA 算法实现静态环境下智能体的离线路径规划，该算法通过引入脱障算子降低产生冲突碰撞路径的概率，同时引入一致寻优算子，提高算法的寻优能力。文献[85]将超图和 GA 算法相结合解决多智能体三维离线路径规划问题。Sariff 等人证明了与基于 GA 的路径规划算法相比，基于 ACO 的路径规划算法具有良好的鲁棒性和全局寻优能力，能够更加高效地解决智能体的全局路径规划问题[86][87]。文献[88]在利用 Voronoi 图法对任务执行环境进行建模的基础上，在最大转弯半径和载荷量等性能约束下，利用 ACO 算法实现了智能体的离线路径规划。文献[90]将多智能体三维协同路径规划问题转化为带有时间约束的二维路径规划问题，在此基础上，提出一种改进的 PSO 算法对该问题进行解算。文献[91]针对复杂环境下的智能体路径规划问题，提出了一种自适应 PSO 算法，以克服算法的早熟收敛，提高算法的全局寻优能力。

2）在线路径规划

任务执行环境中存在的任务状态不确定性、威胁移动性、突发性和时间敏感性等特征，使得离线路径规划算法已无法满足多智能体协同路径规划的要求。研究人员将研究重点转向了在线路径规划方法。

在线路径规划是一种局部路径规划方法，即在任务执行环境信息未知或部分已知的情况下，智能体通过自身搭载的传感器获取任务执行环境的局部信

息，在线构造一条任务执行路径，并能够根据局部信息变化实现路径重规划。常用的在线路径规划方法有人工势场法、滚动窗口法和智能优化算法等。

基于人工势场法的在线路径规划算法是将智能体在任务执行空间内的运动等价为虚拟人工受力场中的运动，通过任务目标点的引力和威胁的斥力相叠加，引导智能体运动[92]。该方法实现简单，无须对全局可行路径进行搜索，适用于动态任务场景下的智能体在线路径规划[93]。但该方法易产生目标不可达、运动徘徊抖动等问题。为此，研究人员对人工势场法的势场力函数进行了改造，以满足复杂任务场景下多智能体在线路径规划的要求[93-95]。

滚动窗口法是一种基于预测控制理论提出的在线路径规划算法。其基本思想是将智能体在线获取的局部信息构建为一个“窗口”，通过“窗口”滚动优化产生智能体运动路径。基于模型预测控制（Model Predictive Control，MPC）的路径规划算法是一种典型的基于滚动窗口法的在线路径规划算法。该算法首先构建智能体运动模型，在此基础上通过滚动优化和反馈校正目标函数，实现智能体在线路径规划[96]。该方法实现简单，可以直接产生满足智能体自身动力学约束的可行路径，在智能体在线路径规划中得到广泛应用[97][98]。文献[99]将动态贝叶斯网络理论与 MPC 算法相结合实现智能体的路径规划。该算法利用动态贝叶斯网络构建动态威胁评估模型，并将该模型的评估结果反馈给 MPC 算法，利用 MPC 的滚动优化策略实现智能体的在线路径规划。文献[100]针对突发移动威胁下的智能体路径规划问题，提出一种基于威胁状态预测的 MPC 算法，实现了智能体的在线路径规划。

使用智能优化算法解决智能体在线路径规划问题时，由于智能优化算法对待解算问题的具体特征没有过多要求，所以该类型算法成为研究在线路径规划问题的热点[101-106]。文献[101]提出一种基于动力学约束的 GA 算法，旨在实现复杂环境下智能体的路径规划。文献[102]针对存在未知威胁下的路径规划问题，提出一种基于改进的 GA 算法实现智能体的在线路径规划。该算法在迭代寻优过程中，通过引入逃逸操作，使得智能体能够快速躲避威胁区域，确保航路的安全。文献[103]基于智能体和障碍物的相对位置，以智能体的期望航向和期望航速为决策变量构建了动态障碍物避障模型，在此基础上利用 PSO 算法，实现了智能体的路径规划。文献[105]在任务空间信息表征和任务时间信息表征的基础上，利用改进的 ACO 算法实现了智能体的在线路径规划。文献[106]提出了一种改进的 ACO 算法，实现了智能体的在线路径规划，该算法利用 PSO 算法确定 ACO 算法的信息素浓度和启发函数，实现了 ACO 算法启发函数的动态自适应调整，提高了路径解算的收敛速度和全局寻优能力。

1.2.3 多智能体通信组网优化

多智能体协同执行任务的前提是智能体之间能够进行有效的信息交互和数据共享[107]。而智能体的高速移动会带来网络拓扑的剧烈变化，若将传统的组网协议直接运用于多智能体网络，可能会导致性能的下降。为此，研究人员对多智能体网络的协议和控制方法进行了大量研究，以确保网络性能，如 MAC 协议[108]、路由协议[109][110]，传输协议[111]，拓扑控制[112-114]等。

与此同时，研究人员发现通过智能体间的协作通信可以改善通信网络对环境的认知，提高智能体间的协同能力[115][116]。而稳定、可靠的拓扑结构是智能体间协作通信的前提。基于此，研究人员提出了很多算法对多智能体通信网络的拓扑进行控制与优化。文献[117]在通信距离约束下实现了智能体的快速组网，在此基础上，以最小化网络时延为优化目标，通过控制智能体的运动对网络拓扑进行优化控制，提高了网络性能。文献[118]在智能体动力学的约束下，提出了一种分布式协作算法，该算法通过邻居智能体间的通信，利用较少的通信次数实现了多智能体编队对动态环境的持续覆盖。文献[119]在编队队形的约束下，使用改进的 Bellman-Ford 算法获得编队中最好的中继节点，将其作为簇头，使编队内智能体间的数据传输时间和能量消耗达到最小。文献[120]提出了一种基于功率控制的多智能体网络拓扑构建算法，该算法通过控制智能体的运动和调整智能体节点的发送功率实现网络的 K 连通，从而确保网络的鲁棒性和容错性。Kopeikin 等人在编队任务的约束下，将正在与地面站通信的智能体作为通信中继，根据地面站分配任务的位置和执行时间对网络拓扑结构进行预测，实现任务的分发，利用多智能体一致性理论实现了编队通信中继的规划[121][122]。文献[123]在目标跟踪任务的约束下，采用分布式非线性模型预测控制方法，在线优化各智能体的控制输入，实现了多智能体协同通信的保持。

此外，由于网络拓扑结构的优化控制是一种典型的组合优化问题，研究人员将多种智能优化算法运用于网络拓扑优化控制，主要包括 ACO 算法[124]，GA 算法[125]，SA 算法[126]，PSO 算法[127[128]等。相较于其他智能优化算法，PSO 算法具有收敛速度快、算法复杂度低、控制参数少、简单易实现等特点，在网络拓扑优化控制领域得到了广泛应用。例如：文献[128]综合考虑节点的移动性、剩余能量、节点度等特征，利用 PSO 算法完成了网络的拓扑优化控制，提高了网络的生命周期；文献[129]在链路容量和网络全连通约束下，以最大化网络流量作为 PSO 算法的目标函数，实现了对节点状态的控制；文献[130]综合考虑距离、节点度、剩余能量等因素构建 PSO 算法的适应度函数，完成了网络的分簇拓扑结构优化。但上述算法都是直接利用连续 PSO 算法进行解算，将获得的连续解进行取整运算，易出现多个连续解对应一个整数解的情况，无法保证网络拓扑连接的最优。文献[131][132]直接利用离散粒子群优化（Discrete Particle Swarm Optimization，DPSO）算法实现网络的拓扑优化控制，确保获得最优的网络拓扑结构。

1.3 临近海面空间内多智能体协同关键问题

目前，我国在南海海域的维权执法、领海/领空保护任务日益繁重且难度巨大，迫切需要借助海洋智能装备提升我国海洋安全保障能力。为此，本书将围绕我国南海领海领空安全保障的实际应用背景，开展临近海面空间内多智能体组网优化与任务规划理论方法研究。根据实际任务需要，设计的任务场景包括：非法目标跟踪（他国非法捕捞船舶、入侵军事目标等）、海面目标侦察与打击（入侵 UAV、USV、潜艇、潜航器、有人舰艇等）、岛礁防御（南海吹填无人岛礁保护）等。

围绕上述任务场景，通过对多智能体协同执行海上任务的过程描述，阐述临近海面空间内多智能体协同任务优化面临的关键问题。

临近海面空间内多智能体协同执行海上任务过程如图 1-3 所示。

（1）假设临近海面空间内有入侵目标出现时，可通过已部署的天基、空中、水面和水下等多维度探测平台及时获取目标信息，并上传至指控中心，如图 1-3（a）所示。

（2）指控中心根据入侵目标特征及其所在海域的环境信息形成任务预案，

在入侵区域周边部署的智能体集合空间内，依据编队编成基本原则，在任务需求和智能体自身性能的约束下，生成最优的编队编成方案，组成相应的海上多智能体编队，如图 1-3（b）所示。

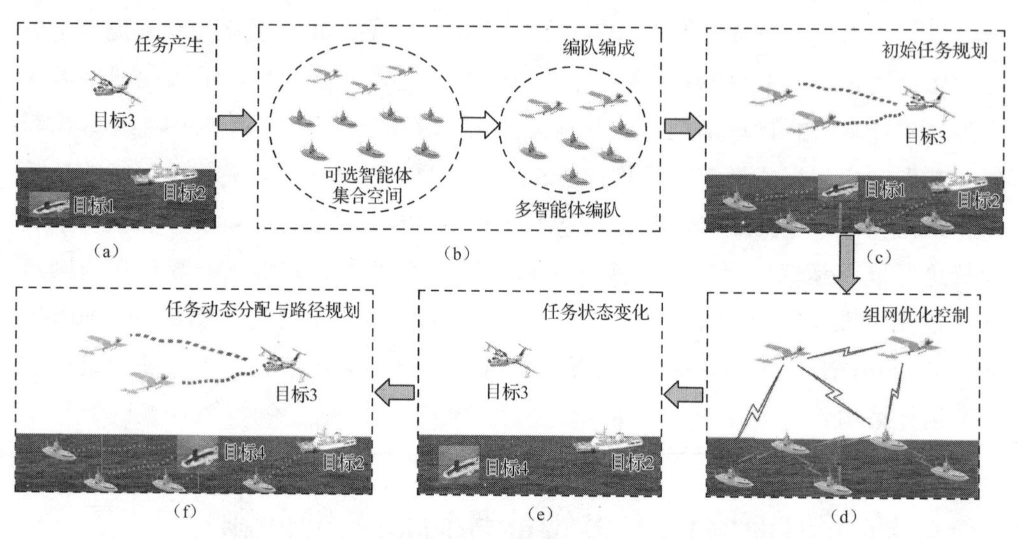

图 1-3　临近海面空间内多智能体协同执行任务过程

（3）指控中心根据入侵目标相关信息，以海上多智能体编队任务执行效能最大化或协同任务执行时间最短为目标，实现编队的初始任务分配，各智能体根据编队的初始任务分配结果开始执行任务，并在多智能体协同路径规划约束下进行路径规划，向入侵目标位置进行机动，如图 1-3（c）所示。

（4）智能体间有效的信息交互是多智能体协同执行任务的重要前提和基本保障。当智能体编队开始执行任务时，需要进行多智能体网络拓扑构建与优化控制，以确保智能体间能够实现可靠、有效的数据交换与共享，如图 1-3（d）所示。

（5）在任务执行过程中，入侵目标状态会随着时间或其他因素产生变化。例如，在初始任务预案中含有三个入侵目标，即目标 1、目标 2 和目标 3，如图 1-3（a）所示；随着任务时间推移，目标 1 消失，目标 4 出现，如图 1-3（e）所示。此时就要求智能体编队的决策过程能够对这种变化情况做出及时反应，进行任务和路径的重规划，以确保编队任务执行效能的最大化，直到完成任务，如图 1-3（f）所示。

根据上述任务执行过程的描述，多智能体协同执行海上任务将面临以下关键问题。

关键问题一：编队编成

海洋气象海况条件复杂，基础设施薄弱，补给困难，任务区域面积巨大，这些因素将造成单个智能体执行海上任务时存在重大安全隐患，导致任务无法完成。因此，通过多类型智能体协同作业的方式，将有效提高执行海上任务的成功率。在多类型智能体协同作业的方式下，如何根据任务需求在可选的智能体集合空间中，选择合适的智能体组成编队，降低编队组网优化与任务规划的复杂度，并确保编队能以最小的资源代价有效完成任务，是多智能体开展海上协同作业的首要任务，也是保证多智能体执行海上任务成功率的前提条件。

因此，针对海上任务环境，构建多智能体编队编成算法，获得最优的编队编成方案，是确保多智能体编队任务执行效能最大化的首要因素。

关键问题二：海上无线电波传播特性

临近海面空间内多智能体通信系统的性能将受到海上无线电波传播环境的影响。海上独特的无线电波传播环境与陆地无线电波传播环境存在明显差异。陆地常用的无线电波预测模型，如 Okumura-Hata 模型、Cost231-Hata 模型及 Walfisch 和 Bertoni 模型等，无法准确预测海上无线电波传播损耗。如何准确地刻画出临近海面空间内无线电波传播特征，确保海上多智能体通信系统的性能，是多智能体开展海上协同作业的重要条件。

因此，为确保临近海面空间内多智能体网络拓扑优化模型对任务环境的适应性，需要开展临近海面空间内无线电波传播特性研究，构建海上无线电波传播预测模型。

关键问题三：组网优化控制

在多智能体协同执行海上任务的过程中，目标状态会随着时间或受其他因素影响发生变化，需要智能体间能够顺畅沟通，确保协同规划决策的有效性。此外，由于海上任务的复杂性、多样性和不确定性，以及智能体的高速运动，使得多智能体通信网络拓扑存在易变、不稳定等特点，将造成无线链路可靠性降低，网络连通性下降，甚至出现网络分割。

因此，为确保多智能体通信网络的连通性，提高智能体之间通信的可靠性和有效性，需要开展多智能体组网优化控制算法研究，这也是多智能体编队开展协同规划和有效决策的基础保障。

关键问题四：智能体的通信效率

信息共享是智能体协同工作的基础。由于海上任务环境的复杂性、目标状态的动态性、智能体搭载传感器精度的差异性及观测噪声的不确定性等，将造成各智能体获取的态势信息不一致，需要智能体之间进行信息共享。然而，受海洋环境及智能体运动状态的影响，智能体间的通信链路不稳定，易产生中断，无法保证智能体间观测信息的实时交互。此外，智能体间频繁的信息交互会带来数据冗余问题，增加了通信网络负载和数据处理成本。

因此，研究高效的通信决策机制，有效地减少智能体间信息交互的次数，提高通信效率，是确保多智能体编队在复杂海洋环境中协同执行任务的关键环节。

关键问题五：任务决策的一致性

在分布式控制方式下，由于各智能体的决策依赖于自身的局部观测信息，易产生智能体任务决策结果的不一致，这将导致多智能体协同执行任务成本的增加、效能的下降。这就给多智能体协同执行海上任务带来了第五个关键问题，即如何通过智能体间的相互协作实现态势信息的共识，确保多智能体协同任务决策的一致性。

因此，研究高效的任务决策方法，解决分布式指挥决策的不一致问题，确保各智能体决策结果的有效性，是确保多智能体编队协同执行任务效能最大化的根本。

上述五个方面是临近海面空间内智能体组网与协同任务规划过程中所要解决的技术难题，同时也是本书主要研究内容的来源。

1.4 本书主要内容

本书以我国南海领海/领空安全保障为应用背景，围绕上述五个关键问题，开展临近海面空间内多智能体组网优化与任务规划理论方法研究。

1.4.1 海上多智能体编队编成

海上多智能体编队编成的目的是确定最优的编队编成方案，最大限度地发挥多智能体协同执行任务的优势，最大化编队任务执行效能。涉及内容如下：

（1）**海上多智能体编队编成模型的构建**。以无人岛礁防卫为任务背景，根据多智能体编队编成的基本原则，分析影响编队任务执行效能的因素，确定表征编队任务执行效能的属性度量指标，进而完成编队编成模型的构建。

（2）**基于改进的二进制粒子群优化（Binary Particle Swarm Optimization，BPSO）算法解算编队编成模型**。从提高 BPSO 算法的动态自适应能力和全局寻优能力的思想出发，将混沌理论思想引入到 BPSO 算法的初始化中，并利用粒子的多样性动态选择粒子位置更新规则，动态自适应的平衡粒子的全局搜索能力和局部搜索能力，加快算法的解算速度，提高解的质量。

1.4.2 海上多智能体通信网络拓扑优化控制

海上多智能体通信网络拓扑优化控制的目的是构建稳定、可靠的网络拓扑结构，确保智能体间能够进行有效的信息交互和决策。涉及内容如下：

（1）**海上无线电波传播模型的构建**。采用理论分析与海上试验测试相结合的方式，对海上无线电波传播特性进行研究，完成海上无线电波传播损耗预测模型的构建。

（2）**海上多智能体通信网络拓扑优化控制模型的构建**。为确保构建的拓扑优化模型与应用对象的适配性和准确性，在海上无线电波传播特性的基础上，实现对网络链接收益和网络链接成本等网络链接性能因素的表征，并完成网络拓扑优化控制模型的构建。

（3）**基于类电磁机制的 DPSO 算法解算网络拓扑优化控制模型**。从提高 DPSO 算法的全局寻优能力和动态自适应能力的思想出发，将类电磁机制引入 DPSO 算法中，利用带电粒子间的相互作用动态调整粒子速度的更新机制，利用粒子的电荷量动态自适应调整粒子更新的控制参数，加快算法的解算速度，提高解的质量。

1.4.3 基于时间窗口机制的集中式任务规划

目标持续时间和出现空间的不稳定性等任务执行环境信息的动态变化加大了智能体编队执行任务的难度，将影响智能体编队的任务执行效能。为确保编队任务执行效能的最大化，编队需要根据任务执行环境的动态变化做出及时反应，需要进行任务的重分配和路径的重规划。以海上多智能体编队协同打击多个时敏目标为任务背景对该问题进行研究。涉及内容如下：

（1）**基于时间窗口机制的集中式任务分配**。针对时敏目标时间窗口的随机性和不确定性，在时敏目标时间窗口约束下，通过引入虚拟智能体的概念，综合考虑各智能体的任务执行能力、任务执行代价和任务执行收益等因素构建编队任务分配模型，并利用动态规划算法对构建的任务分配模型进行动态解算，以获得全局最优的任务分配。

（2）**基于 MPC 的多智能体协同路径规划**。从降低协同路径规划复杂度的角度出发，将多智能体协同路径规划问题转化为带时间和空间约束的单智能体路径规划问题，在此基础上，根据各智能体的任务列表，利用 MPC 算法实现智能体打击时敏目标路径的在线规划。

1.4.4 基于任务一致性的分布式任务规划

在分布式控制方式下，参与任务的智能体间需要进行有效的信息交互和数据传递，以达成编队任务分配的共识，确保编队任务执行效能的最大化。为获得全局最优的任务分配，提高编队任务规划效率，本书介绍一种综合考虑通信效率和任务分配共识的分布式任务规划算法。涉及内容如下：

（1）**海上多智能体通信决策机制**。从提高智能体间通信效率的角度出发，本书介绍一种间歇式通信决策机制。借鉴多用户协作频谱感知“软”融合的思想，采取先判决再通信的机制，即各智能体利用自身的观测信息进行任务分配，并根据该任务分配结果与编队当前的任务分配是否一致判断是否发起通信。

（2）**基于任务一致性的动态任务分配**。从最大化编队任务执行效能的角度出发，结合态势信息共识算法和任务分配共识算法的思想，本书介绍一种综合考虑通信效率和任务分配共识的动态任务分配算法。该算法首先借鉴任务分配共识思想，根据构建的通信决策机制，判断智能体是否发起通信，若发起通信，则通信内容为自身的观测信息；然后借鉴态势信息共识思想，在考虑通信时延的基础上，利用卡尔曼滤波算法对观测信息进行融合处理，实现编队态势信息的共识，在此基础上，再基于任务一致性思想完成编队动态任务分配，确保编队任务分配达成共识。

1.5 本书组织结构

本书的组织结构以及具体章节的安排如图 1-4 所示。

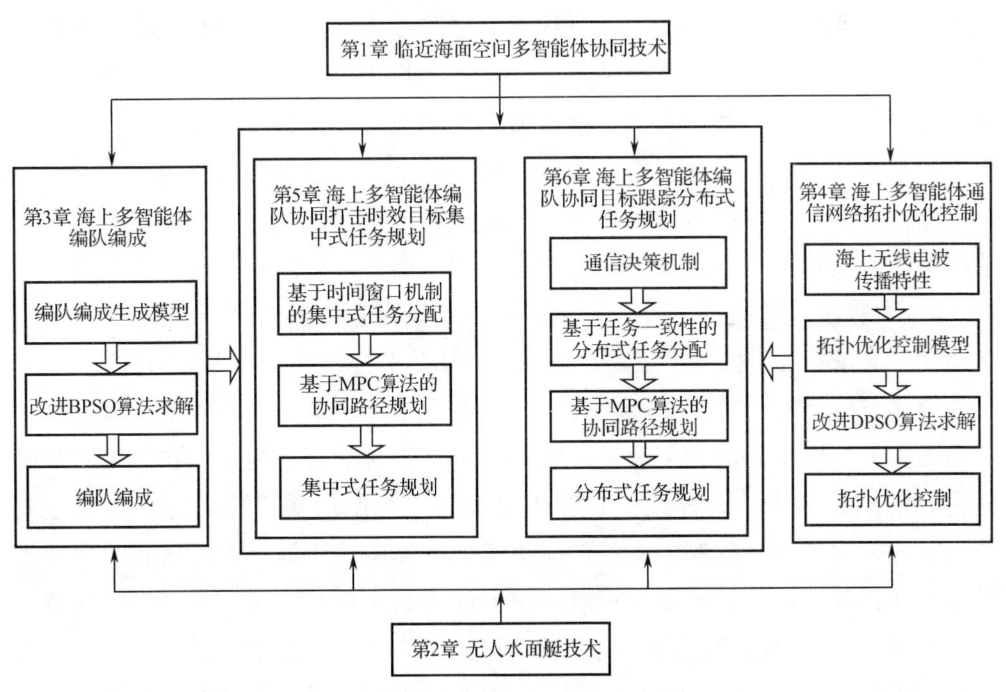

图 1-4 本书的组织结构及具体章节的安排

第 1 章：临近海面空间多智能体协同技术。首先，介绍了本书研究背景；其次，对多智能体协同决策和通信组网优化的研究现状进行总结和分析；最后，根据临近海面空间内的任务背景，介绍了多智能体协同执行海上任务所涉及的关键问题。

第 2 章： 无人水面艇技术。首先，对早期 USV 的应用进行介绍；其次，对现代 USV 的原型——猫头鹰系列 USV 进行总结；最后，重点阐述了现代 USV 的技术发展，并介绍分析了现代 USV 在军用领域和民用领域的应用。

第 3 章： 海上多智能体编队编成。本章针对海上多智能体编队编成问题，介绍一种基于改进 BPSO 的编队编成算法。首先，以海上多智能体协同执行无人岛礁防卫任务为应用背景，对海上多智能体编队编成过程进行描述；其次，对海上多智能体编队任务执行效能进行量化和表征，在此基础上构建编队编成模型；然后，介绍一种改进的 BPSO 算法对构建的编队编成模型进行解算，获得最优的编队编成；最后，通过仿真实验验证所介绍的算法的有效性。

第 4 章： 海上多智能体通信网络拓扑优化控制。本章针对海上多智能体通信网络的组网优化问题，介绍一种综合考虑海上无线电波传播特性、网络连通度、网络链接收益和网络链接成本的网络拓扑优化控制算法。首先，采取海上试验测试和理论分析相结合的方式对海上无线电波传播特性进行研究，获得海上无线电波传播损耗预测模型；其次，根据海上无线电波传播损耗预测模型，对链路通信质量、网络链接收益和网络链接成本进行表征，并在此基础上，构建海上多智能体通信网络拓扑优化控制模型；然后，介绍一种基于类电磁机制的 DPSO 算法，对构建的网络拓扑优化控制模型进行解算，实现海上多智能体通信网络的拓扑优化控制；最后，通过仿真实验验证所介绍的算法的有效性。

第 5 章： 海上多智能体编队协同打击时敏目标集中式任务规划。本章针对集中式控制方式下，海上多智能体编队协同打击时敏目标问题，在时敏目标时间窗口的动态约束下，介绍一种基于时间窗口机制的集中式动态任务规划算法。首先，对集中式控制方式下的海上多智能体编队协同打击时敏目标的过程进行描述；其次，针对时敏目标时间窗口的不确定性，介绍一种基于时间窗口机制的动态任务分配算法，实现时敏目标的动态分配；然后，根据编队的任务分配，在空间协同和时间协同约束下，利用 MPC 算法实现智能体编队的协同动态路径规划；最后，通过仿真实验验证所介绍的算法的有效性。

第 6 章： 海上多智能体编队协同目标跟踪分布式任务规划。本章针对分布式控制方式下的海上多智能体编队协同跟踪移动目标问题，介绍一种基于任务一致性的分布式动态任务规划算法。首先，对分布式控制方式下的海上多智能

体编队协同跟踪移动目标的过程进行描述；其次，介绍一种间歇式通信决策机制，以提高智能体间的通信效率，节省通信资源，该通信决策机制依赖于智能体自身的观测信息是否足以改变编队的任务分配；然后，介绍一种基于任务一致性的动态任务分配算法，并在此基础上，利用 MPC 算法实现智能体跟踪路径的在线动态规划，确保编队任务执行代价的最小化；最后，通过仿真实验对比，验证了所介绍的算法的有效性。

第2章

无人水面艇技术

2.1 引言

随着通信技术、信息技术、人工智能和远程指挥控制技术的快速发展，以无人水面艇（USV）、无人机（UAV）和水下潜航器（UUV）为代表的海洋智能装备应用不仅涵盖了海洋战场环境信息收集、海面及水下侦察监视、作战打击、后勤支援军事领域的诸多方面，还涵盖了海事应急救援、海底测绘、水文勘测、港口巡逻等民用领域的诸多方面。可见，海洋智能装备不仅将在未来海洋军事对抗和空海一体化作战中占据重要地位，也将在未来海洋经济开发利用中占据不可小觑的地位。

USV 是继 UAV 后的一种可应用于海洋环境的新型智能平台。相较于 UAV 技术的迅猛发展，USV 技术与应用的公开资料较少。为此，本章主要对 USV 这一新兴的海洋智能平台进行介绍。首先，介绍了早期 USV 的应用；其次，对现代 USV 的原型——猫头鹰系列 USV 的技术演进过程进行了详细介绍；最后，重点阐述、分析了现代 USV 的技术发展。

2.2 早期 USV 的应用

USV 的研究和应用可追溯到二战时期。诺曼底登陆战役期间，盟军为实现其战略欺骗和作战掩护的目的，曾设计出一种装载大量烟幕剂的无人水面艇，按预先设定的航向驶往欺骗海域，造成舰艇编队登陆的假象。最初的 USV 是通过无线电进行人工操控的小型船舶，主要用来执行扫雷和拖曳靶舰任务。美国在 1946 年的“十字路口”行动期间，应用 USV 来收集原子弹爆炸试验后的放射性水样，如图 2-1（a）所示。在 20 世纪 60 年代，美国海军在越南部署了远程遥控船，进行水上扫雷作业，如图 2-1（b）所示。

（a）比基尼环礁原子弹爆炸

（b）美国扫雷船

图 2-1　二战后美国改造的远程遥控水面艇

随着美国海军利用 USV 进行海上扫雷作业，其他海洋大国也意识到 USV 在高危险的军事任务中将发挥巨大的潜力，尤其是在海上扫雷任务中将有效减少人员伤亡。为此，西方各海洋大国争相研制远程遥控扫描 USV。早期服务于各国海军的远程遥控扫雷 USV 主要有：丹麦的 MRD 型 USV（1991 年列装），MSF 型 USV（1998 年列装）如图 2-2（a）和（b）所示；德国的 Troika 扫雷 USV（1980 年列装），该 USV 最初搭载三种扫雷系统，属于小型远程遥控水面艇，其尺寸小并采用特殊艇身结构，可使该船在水雷爆炸伤害的影响中生存下来，如图 2-2（c）所示。

（a）丹麦 MSF 型扫雷 USV

（b）丹麦 MSF 型扫雷 USV

图 2-2　丹麦和德国的扫雷 USV

（c）德国的 Troika 扫雷 USV

图 2-2　丹麦和德国的扫雷 USV（续）

英国皇家海军海上扫雷遥控艇项目最初是通过母船遥控拖船，用该拖船牵引一条三体玻璃钢艇完成扫雷。在此技术上，瑞典在 20 世纪 80 年代研发了声磁扫雷 USV，并命名为“SAM”。目前该型扫雷 USV 仍服务于瑞典皇家海军及日本海上自卫队。新一代的 SAM3 型声磁扫雷 USV 是基于双体船型，在远程控制的方式下完成扫雷任务，如图 2-3 所示。

图 2-3　SAM3 型扫雷 USV

二战结束后，英国看到了快速靶船的需求，将许多战争中淘汰下来的船舶改装成使用无线电控制的快速靶船，改装的远程遥控靶船 2688 号如图 2-4 所示。作为海军不可或缺的训练装备，远程遥控靶船技术自二战结束后问世以来就得以持续发展。图 2-5 所示的是目前美国使用的远程遥控靶船。图 2-5（a）所示为 80m 长的远程遥控靶船，最高航速为 15 节；图 2-5（b）所示为 17m 长的 QST-35 SEPTAR 远程遥控靶船，最高航速为 20 节；图 2-5（c）所示为 8m

长的远程遥控高速靶船，最高航速为45节。

图 2-4 英国远程遥控靶船 2688 号

（a）80m 长的远程遥控靶船

（b）QST-35 SEPTAR

（c）远程遥控高速靶船

图 2-5 现代美国海军海上遥控靶船

2.3 现代 USV 的原型——猫头鹰系列

猫头鹰 USV 设计理念是由国际机器人系统公司（International Robotics Systems Inc.）的 Howard Hornsby 和 Robert J. Murphy 等人在 20 世纪 80 年代提出的。猫头鹰 USV 的设计理念刚一提出，就引起了美国海军的关注，美国海军最终成为该公司的客户。猫头鹰系列的第一艘 USV 于 1985 年生产，并命名为“Owl MK I”，在业界被视为第一艘现代 USV，其船长 10 英尺（ft），遥控距离 10 英里（mile），艇身由玻璃纤维塑形，喷水推进，用于增加隐身性和提高载荷能力。与传统美国海军大型船舶相比，该 USV 体积小，机动性能高，可在河流和沿海水域中灵活穿梭，成为了美国海军一种理想的新型军事装备，如图 2-6（a）所示。

1992 年，Howard Hornsby 等人在 MK I 的基础上，对船型进行重新设计并升级了其动力系统，形成了猫头鹰 MK II。新研发出的 MK II 吃水仅为六英寸（in），不受浅水影响，其最高航速可达 40 节，如图 2-6（b）所示。1995 年猫头鹰 MK II 型 USV 被美军部署在中东，并在名为“真实世界”的军事行动中进行了第一次应用，如图 2-6（c）所示。在此后的两年时间里，猫头鹰 MK II 型 USV 通过拖曳侧扫描声呐系统周期性完成了科威特周边航道的扫雷任务，如图 2-6（d）所示。除此之外，猫头鹰 MK II 型 USV 还用于部署港口的安全管控和日常巡逻工作，如图 2-6（e）所示。2003 年在美国海军研究咨询委员会的一份报告中指出：猫头鹰 USV 在港口和船舶安全护卫上具有非常高的收益，其在恶劣环境下对任务顺利实施具有非常重要的作用。同时，报告中强调了在不久的将来，USV 为美国海军进行沿海局部斗争提供持续支持的技术可实现性和重要性，尤其是在近海扫/布雷、打击小型水面船舶，以及群体攻击和浅水反潜战任务方面将发挥重要作用。

（a）猫头鹰 MK I

（b）猫头鹰 MK II

（c）猫头鹰 MK II 在中东部署

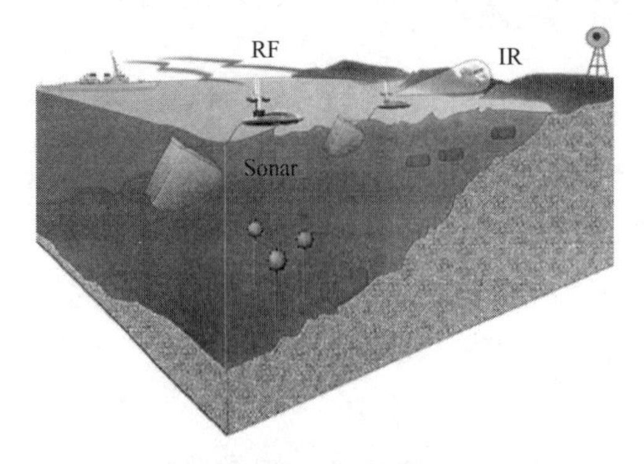

（d）猫头鹰 MK II 拖曳侧扫描声呐

（e）港口安全任务中猫头鹰 MK II

图 2-6 猫头鹰系列 USV

由美国海军水面作战中心（Naval Surface Warfare Centre）开发的无人系统远程交互技术（Remote Delivery of Unmanned System Technology，RDUST）是一种在 USV 上投放其他无人系统的控制机制。例如，它可以利用 USV 的快速机动性能，将搭载的慢速 UUV 投放到远程任务区域，从而实现在更大的范围内部署 UUV，实现远距离危险水域的扫雷和危险清除工作，从而降低大型军舰的安全风险。美国海军为满足侦察任务的需要，购买了两艘猫头鹰 MK II 型实验 USV，并将其命名为 ASH。在利用 RDUST 技术对 ASH 在进行改造后，实现了 ASH 对其他海洋智能装备的搭载和投放能力，例如完成了水下机器人（Remote Operated Vehicle，ROV）、UUV 的投放，如图 2-7 所示。

（a）ASH 部署 ROV

（b）ASH 部署 UUV

图 2-7　ASH 对其他海洋智能装备的搭载和投放能力

1995 年美国 Navtec 公司成立，并收购了猫头鹰 USV 的全部专利。在此基础上，该公司持续开发猫头鹰系列 USV，即完成猫头鹰 MK II 升级，以及 MK II 型 USV-MK VI 型 USV 的设计研发工作。在此期间，该公司开发了 USV 通信导航系统，利用传感器融合技术与 GPS 惯性导航完成猫头鹰系列 USV 自主控制系统开发，通过船载雷达系统实现 USV 自主避障，将激光雷达、视频信息采集和地图导航等加装于 USV，实现开阔海域执行多种任务的能力。此外，Navtec 公司在自主控制系统的控制算法中融入神经网络算法，实现 USV 的自动驾驶。

2004 年，猫头鹰 MK VI 型 USV 的开发被转让给美国 DRS 技术公司（美国海军主要的防御武器承包商），并被更名为“海上猫头鹰”，如图 2-8 所示。该公司将海上猫头鹰 USV 定位为一种模块化、可重构的小型 USV，可定制搭载各种传感器（如相机、声呐、雷达、传声器、扬声器、武器及环境传感器等）以满足多场景任务需求。该船带有地图系统和自动航行系统，可以通过路径规划实现半自主航行。

图 2-8 “海上猫头鹰”USV

为达到通用性的目的，猫头鹰 USV 船载系统逐渐完成模块化、协同性，混合动力（燃料/电池），自主投放与回收技术研究。而新一代猫头鹰 MK XX 系列被定义为无人水面和空中航行器，或者 UAV 和 USV 混合航行器，如图 2-9 所示。看来猫头鹰终将能够飞翔！

（a）猫头鹰 MK XX 原型系统

（b）MK XX UAV-USV

图 2-9 新一代猫头鹰 MK XX 系列

2.4 现代 USV 技术发展

2.4.1 军用 USV 技术发展

USV 不仅具有体积小、反应快、智能化水平高的优点，而且通过搭载相关通信设备，能够与 UAV、UUV 等智能装备共同构建一个全方位、立体化的无人战争平台，能够为世界各国在战争中进行有效侦查、监视、探测、情报收集、精确打击提供有效的支持。因此，自 USV 问世起，世界各军事强国都在大力研发 USV，积极部署 USV 研发项目。本节主要介绍在过去的 20 年，西方国家军队中进行的或者为军事服务而进行的具有里程碑意义的 USV 研发项目。

1. 美国军用 USV 技术

在 20 世纪 90 年代，美国机器人科技工程（Robotek Engineering）公司和第三半球（Third Hemisphere Interactive）公司联合开发了“罗伯斯基”（Roboski）USV，如图 2-10 所示。Roboski 是一种可远程遥控、低成本的水面靶船，美国海军将其应用于近海海域对抗训练。通过遥控 Roboski 可以进行激烈的海上对抗演习，而载人船则被禁止进行这种程度的演习。因此，Roboski 是目前美军直升机或水面艇火力演习的低成本解决方案。

（a）Roboski

（b）从导弹护卫舰吊装部署 Roboski

（c）部署在海军护卫舰附近的 Roboski

（d）Roboski 拖曳靶标

图 2-10　Roboski USV

然而，Roboski 在拖曳靶标的情况下最高航速仅为 20 节，美国海军研究局（the Office of Naval Research，ONR）委托 Northwind Marine 公司研发了具有更高速度的靶船 SeaFox，如图 2-11 所示。该 USV 船长为 16 英尺，配有 3 台水星发动机，燃烧 JP-5 航空燃料而不是汽油，可以在 40 节的速度下拖曳 10 英尺橙色帆船标靶完成激烈的海上演习。船上装备有数字缩放红外摄像机、白昼彩色摄像机、导航摄像机等具有环境感知的传感设备，使得其拥有超乎寻常的远距离监视能力。虽然 SeaFox 被设计为通过遥控器操作控制，但在结合 GPS 船载接收机的情况下，SeaFox 可以通过笔记本电脑预设路径导航点，完成自动航行。此外，SeaFox 在进行自动导航工作的同时，可通过远程操作视觉系统对目标进行跟踪。但对于操作者来说，SeaFox 的高速运动使得锁定目标变得困难，因此研发人员通过借助运动补偿控制器和定位系统提高 SeaFox 跟踪锁定目标的能力。

图 2-11　SeaFox USV

随后，美国海军研究局在 SeaFox 技术的积累下，于 2003 年又陆续开展了几个新项目。例如：在船的基础上实现无人化改造。开发人员设计开发了两艘 11～12m 范围内的无线遥控 USV，以满足海军沿岸作战舰艇的需要。这两艘 USV 分别为高牵引力（High Tow Force，HTF）USV 和高速（High Speed，HS）USV。高牵引力 USV 拥有较大的载荷能力和较长的续航能力，可以拖曳各种传感器和智能装备，如图 2-12 所示。高速 USV 可以在波涛汹涌的水域中保持高速航行。尽管设计了新的船体平台，但高牵引力 USV 和高速 USV 很大程度上还是类似于有人船，为此美国海军研究局目前正在开展新的设计并研究新材料，以便 USV 后续持续发展。与此同时，美国海军研究局还不断研究 USV 的自动控制系统，以获取高度的自治能力，将极大提升 USV 执行任务的规划、感知及自主行为能力。

图 2-12　高牵引力 USV

美国空间和海战系统中心（Space and Naval Warfare Systems Centre）是美国研究 USV 的另一个典型代表机构，研发了多种类型的 USV。其研制的 Seadoo Challenger 2000 采用 250 马力的 OptiMax 燃料 V-6 喷水推进器，提供 24V 直流电源系统为船载电子设备和电动执行器供电，并安装了不锈钢支架，用于搭载摄像机和雷达设备，如图 2-13（a）所示。该中心最初的目标是利用地面和水面导航相似的二维空间性质，将现有的陆地无人车（Unmanned Ground Vehicle，UGV）技术应用于 USV。从 UGV 借鉴的技术包括远程操作控制，即基于卡尔曼滤波的导航传感器融合技术，实现 USV 自动航行和多船协同控制。该技术的实现，使得该中心研发的 USV 完成了 35 海里（nmile）海底光纤电缆的自动部署，如图 2-13（b）所示。这种借鉴 UGV 技术改造升级 USV 的模式，已不断在其他海军 USV 项目中成功获得印证。事实上，UGV 技术已在美国海军 USV 项目中起到了巨大的杠杆作用。

（a）Seadoo Challenger 2000

（b）Seedoo 海底光纤自动部署

图 2-13　Seadoo Challenger 2000 及其应用

随着 Seadoo Challenger 2000 的成功研发、应用，美国空间和海战系统中心的研发计划目标从最初的借鉴 UGV 技术改造升级 USV 转变成为提高 USV 的自主能力，通过使用数字海图、雷达系统、单目和立体视觉传感器实现 USV 可靠、灵活地自主避障和路径规划。随后，该中心通过 Challenger 2000 的技术积累，作为发起者和主要研发者，与以色列、法国等国家共同研发了“斯巴达侦察兵”（Spartan Scout）USV，这是最具代表性的军方 USV 项目之一，如图 2-14 所示。“斯巴达侦察兵”是基于商用 7m 和 11m 的硬体充气艇（Rigid Hull Inflatable Boat，RHIB）改装而成，并将武器系统和远程驾驶模块相结合，实现了两种模式。“斯巴达侦察兵”设计概念中的一个新特征是它的联合互操作性，即可通过单个母船遥控终端控制多艘 USV，或多个遥控终端控制单艘 USV。这一设计理念在海军作战中非常有用。目前，斯巴达侦察兵 USV 除了使用卫星通信手段，还可以借助 UAV 作为通信中继以加大数据传输距离。

图 2-14 “斯巴达侦察兵”USV

“斯巴达侦察兵”的基本模块包括 GPS 导航系统（支持 USV 在预设位置之间自动航行），导航雷达，视频和红外摄像机及通信系统等。此外，“斯巴达侦察兵”采用模块化组合的方式满足不同的任务需求，即根据不同的战争将已研究成功的任务模块（如水雷战模块，反潜、反水面目标的精确打击模块等）通过不同的组合安装到斯巴达侦察兵 USV 上，使得斯巴达侦察兵 USV 能够执行不同的作战任务。斯巴达侦察兵 USV 于 2002 年 5 月开始在 USS Gettysburg 导弹巡洋舰上进行测试，如图 2-15 所示。在 2005 年，进行了第一次实弹测试，通过远程遥控 50mm 口径的电光瞄准机枪对目标进行打击。斯巴达侦察兵 USV 已装备于驻守中东的美国海军部队。操作人员可以指挥该船拦截可疑目标，并通过船载视觉系统、扬声器和传声器对拦截目标船员进行检查和审讯。

美国机器人船舶公司研发的“幽灵卫士”（Ghost Guard）USV，是美军重要的USV之一，如图2-16所示。与UAV类似，幽灵卫士USV可由地面站摇控操纵，也可由计算机自动驾驶仪驾驶。配备了最大功率为266马力的推进装置，能保障以较快的速度追逐各种目标，其主要作用是警戒和防护。该艇的核心部分是计算机程序、远程指挥、控制、导航、摄像观察、随机分析、设备检测及修复等系统。可预先设置航线并随时更改，在航行过程中，不仅可以随时进行化学、生物、放射、光谱、光学和其他形式的自动化分析，还可以收集声音、图像资料，接收雷达、声呐数据，通过互联网络及时传输至与其保持不间断协作和联系的地面指挥部。

图2-15 “斯巴达侦察兵” 测试

图2-16 “幽灵卫士”USV

美国Meggitt防务系统公司的“水虎鱼”（Piranha）USV几乎与“幽灵卫士”USV同时研制成功，如图2-17所示。该USV艇长为8m，最大功率为200马力，航速可达40节，续航能力较强。不仅可以通过预先设定程序的自动驾驶仪自动驾驶，还可以由地面站进行远程摇控操纵，且艇上保留了传统的驾驶座椅和操纵舵，必要时可以进行人工手动操作。水虎鱼 USV 的主要作用是作为美国海军的水面靶标，供岸防部队和海岸炮兵实弹演练之用，可根据不同任务的需要，分别作为高速巡逻艇的攻击模拟器或水下武器的试验靶标。但水虎鱼 USV 的艇身并不是靶标，其身后 50m 远处以 20 节航速拖曳的双体货船才是真正的靶标。

图 2-17 “水虎鱼”USV

美国 AAI 公司（美国联合工业公司的子公司）、海军机器人舰船国际公司（Marine Robotic Vessels International，MRVI）和 SeaRobotics 公司联合研发了“拦截者”（Interceptor）USV。该 USV 艇长为 6.5m，最高航速为 45 节，可以搭载各种模块化传感器和武器系统，配备了浅水喷水推进系统和混合燃料联合推进系统，不仅可以通过无线链路远程控制，还可以借助船载计算机沿着预定航线引导船舶自主航行，且采用模块化设计，可以根据任务需求进行多种改动，非常适合执行港口安全、目标跟踪等任务，如图 2-18 所示。

图 2-18 “拦截者”USV

美国精准自动化公司（Accurate Automation Corporation，AAC）为美国海军开发的“哨兵”系列 USV，包含了 5 种不同载荷类型的 USV，艇长为 5～11m。该系列 USV 利用传感器融合技术和仿生学算法完成目标识别，自主开发的船载自主控制系统融合了自适应神经网络控制，以及具有学习能力的数据采集系统，能够辅助 USV 在各种气象海况下稳定航行，实现完全自主操作，并通过航向和速度优化提高燃料使用效率。该系列 USV 具有广泛的应用前景，包括海岸巡逻，港口保护，水上基础设施保护（如船舶和石油钻井平台），在危险或恶劣环境中的救援，以及搭载其他载荷完成定点投放等。此外，一名操作员能够同时监视和控制多艘哨兵 USV，甚至可完成 UAV 和 USV 的协同操作。

2010 年，美国 DAPRA 开始启动反潜持续跟踪无人艇（Anti-Submarine Warfare Continuous Trail Unmanned Vessel，ACTUV）项目的研发。随后，美国 Leidos 工程公司为美国海军研发了一艘名为“海洋猎手”（Sea Hunter）的 ACTUV，如图 2-19 所示。该艇长 40m，搭载了拥有摄像及红外成像设备的光电传感器、雷达及 MS3 声响系统。为降低雷达识别度，其艇身由若干流线型板状预制件拼接而成，大部分设备都在艇内，还有一部分在艇外。具有较好的续航生存能力，能够确保在海上无补给情况下连续巡航 60～90 天，行程逾 3300 海里。

图 2-19 “海洋猎手”ACTUV

2．以色列军用 USV 技术

以色列西濒地中海，南接红海，是亚洲西部的一个沿海国家，海上安全形势非常严峻，这也促进了以色列的军事技术和科研水平的快速发展，使得其军事技术水平处于世界领先地位。2000 年 11 月，“哈马斯”组织曾试图利用一艘自杀式小艇炸毁以色列海军舰艇，不过由于炸药提前爆炸造成袭击未果。虽然是一场虚惊，但该事件给以色列敲响了警钟。为此，以色列提出了尽快引入 USV 的计划。虽然以色列独立研发 USV 的起步较晚，但其先进的科研水平和军事水平，使得 USV 的研究和应用取得了令人瞩目的成绩。

以色列拉斐尔先进防务系统公司（Israeli Company Rafael Advanced Defence Systems Ltd.）于 2003 年设计研发的“保护者”（Protector）USV 是以色列研发的 USV 的主打产品，如图 2-20 所示。该型 USV 为玻璃钢充气艇，通过柴油发动机推进，最高航速可达 50 节，配有一系列传感器和微型台风武器系统，不仅具有美国斯巴达侦察兵 USV 的特点，还增加了隐身功能，适合进行反恐，以及智能、监测和侦察等任务。它在波斯湾战争中得以使用。它具有以下特点：

图 2-20 “保护者”USV

（1）结构模块化。保护者 USV 采用全模块化设计，可根据不同的战场要求，以即插即用的方式将不同设备快速配置到艇上，使之执行不同的战术使命。

（2）外形设计隐身化。保护者 USV 在设计时充分考虑了隐身性能，艇身部分采用雷达吸波材料制成，上层建筑和舷侧均呈小角度倾斜，甲板上没有可致雷达反射截面增大的设施，传感器舱、雷达和天线均位于水面杂波区之上。

（3）传感器系统现代化。保护者 USV 装有先进的导航雷达、全球定位系统、搜索雷达和“托普拉伊特”多功能光电传感器系统[包括第三代前视红外传感器（8～12μm），黑白/彩色电压耦合装置摄像机，激光测距仪，昼夜观测瞄准仪，高级关联式跟踪器，激光指示器等]，可对目标进行自动探测、识别、跟踪并引导武器发起攻击。

（4）质量小。保护者 USV 的基础平台是刚性充气艇，为最大限度地减小艇体质量，艇上多个部位（如部分艇身、边梁、框架等）采用玻璃钢复合材料、轻质复合材料和碳纤维材料制造，不但减轻了质量，还提高了减震能力，降低了寿命周期费用。

（5）武器多样化。保护者 USV 的现有武器装备是微型台风遥控稳定武器系统，可使用 12.7mm 机关炮和 40mm 自动榴弹发射器；在吨位稍大的保护者 USV 上可换装 30mm 小口径舰炮，可杀伤 1500～2000m 距离内的敌方目标（需要攻击装甲舰艇时，火炮右侧还可加装新型反舰导弹等）。这些武器均采用电动操纵，实现了完全无人化操作。

以色列航空防御系统有限公司（Aeronautics Defense Systems Ltd.）于 2005 年独立自主研发了该公司的第一个 USV 计划——“海星”（SeaStar）USV，如图 2-21 所示。该 USV 为 11m 的刚性充气遥控艇，靠两台功率为 470 马力的船用柴油机以驱动水柱推进器的方式提供动力，最高航速可达 45 节，其功能和保护者 USV 功能类似，都可以执行监视、侦察等多类型海上任务。它具有开放式架构系统，可将自身集成到任何 C4I（指挥 Command、控制 Control、通信 Communication、计算机 Computer、情报 Intelligence）网络系统中，接收来自海上、空中和地面任何控制站的控制。因采用“即插即用”的设计理念，它可搭载任何有效载荷或集成武器系统，例如可见光/夜视相机，声呐和目标获取传感器。它还可以配备机枪和消防系统，极大地拓展了该型 USV 的应用领域。

图 2-21 “海星”USV

以色列埃尔比特系统（Elbit Systems）公司公布了一款专为国土安全和海岸警卫应用设计的近岸水域 USV——“黄貂鱼”（Stingray）USV，如图 2-22 所示。黄貂鱼 USV 可由便携式控制站控制，控制人员可以监视并控制任务有效载荷并执行任务计划。该 USV 采用喷水推进，活动半径为 25km，艇上装有前视红外传感器、CCD 摄像机、光电探测系统等传感设备，可完成自主避障，能够执行智能监测和侦察任务。该艇在 3 级海况下可保持其全部完成任务的能力，在 5 级海况下仍能操作，但完成任务的能力下降。其主要技术参数如表 2-1 所示。

图 2-22 “黄貂鱼”USV

表 2-1 “黄貂鱼”USV 主要技术参数

艇长（单位：m）	质量（单位：kg）	最大航速（单位：kn）	有效载荷（单位：kg）	最大自持力（单位：h）	最大航程（单位：n mile）
5	700	40	150	8	300

此外，以色列埃尔比特系统（Elbit Systems）公司还研制了第二代多功能 USV——银色马林鱼 USV，如图 2-23 所示。该船搭载一个紧凑型多功能高级稳定传感器转塔，转塔上集成 CCD 摄像机、第三代前视红外热像仪、激光扫描仪、激光测距仪及激光目标照射器等。可以发现 6km 以外的橡皮艇、16km 以外的巡逻艇和 15km 以外的飞机等目标。其主要技术参数如表 2-2 所示。

图 2-23 “银色马林鱼”USV

表 2-2 “银色马林鱼”USV 主要技术参数

艇长（单位：m）	质量（单位：kg）	最大航速（单位：kn）	有效载荷（单位：kg）	最大自持力（单位：h）	最大航程（单位：n mile）
10.6	4000	45	2500	36	500

3．其他国家军用 USV 技术

除美国和以色列以外，英国、德国、法国等其他国家也投入了大量的科研资金积极进行 USV 项目的研发。

英国自主水面航行器公司为英国海军研发了多种型号的 USV，如 C-Target 系列 USV。C-Target 系列 USV 的船体均采用坚固耐用的铝质外壳，可以进行直接遥控，也可以切换为路跟踪或航点导航模式。该系列 USV 由多个功能不同的 USV 构成，能够满足不同的任务需求。例如，C-Target3 型 USV 是轻量级 USV，船长为 3.5m，配有 1 台 30 马力的舷外机，速度可达到 20 节，如图 2-24 所示；C-Target13 型 USV 船长 13m，带有 2 台 350 马力舷外机，速度能达到 45 节，可以配备视觉、雷达和热成像传感器。

图 2-24 C-Target3 型 USV

英国国防承包商 QinetiQ 在 2008 年与美国海军研究局签订合同，研发用于执行重要区域水下扫描、港口搜索和巡逻等任务的 USV——“黑鲸”（Blackfish）USV，如图 2-25 所示。该 USV 配有喷水推进装置，可搭载声呐和雷达，可使用 GPS 导航系统实现沿设定航线的巡逻。该 USV 在罗德岛 Newport 的试验中成功地检测到了入侵蛙人。

图 2-25 “黑鲸”USV

法国 ECA Robotics 公司在 PACIFIC 2010 会议上展示了其主持研发的“巡查者”（Inspector）USV，如图 2-26 所示。该艇长 8.4m，内置两台 235 马力的柴油发动机，最大航速可达 35 节。其采用喷水推进式硬体滑艇的艇体设计，配合特殊的可翻转艇底，非常适合在极浅水域航行。该艇易于重新配置，可根据使用者的需要装配多种传感器（如侧扫声呐和多波束测深仪等）、探测设备和武器系统，具备自主航行能力，主要用于反水雷、智能监测和侦察等任务。

图 2-26 “巡查者”USV

德国研发的“哨兵”号 USV 也是采用了模块化的设计结构，能够根据不同的作业任务更换模块，同时艇体材料和艇身设计等方面也都采用了无人隐身技术。“哨兵”号 USV 搭载有光学传感器、激光扫描测距仪、GPS 卫星导航定位系统、拖曳式阵列声呐系统等多个子系统，能够完成雷区侦察、监视等任务。

瑞典船舶公司 Kockums AB 与瑞典军方联合研发了一款名为“Piraya”的 USV，如图 2-27 所示。该 USV 项目的重点是 USV 的通信系统，期望其通信系统具备 WLAN、VHF、3G/4G 网络和卫星通信网络融合能力。该项目研究还进一步推动了 USV 之间的协作能力，即利用分层控制架构和智能通信平台，可根据预定义模式实现多艘 USV 之间的信息共享和协调操作。

图 2-27 Piraya USV

日本 EMP（Eco Marine Power）研发的“Aquarius”USV 是一种太阳能—电能混合动力 USV，如图 2-28 所示。该 USV 艇长为 5m，巡航速度为 6 节，三体船艇体设计，艇上设有轻质灵活的太阳能板阵列，可为艇载锂电池充电。艇上搭载有先进的计算机控制系统和各类传感器，具有自主航行能力，可用于执行监察港口污染、海洋地理探测、沿海边境巡逻和舰艇数据收集等任务，如果进行相关改装，即可执行相应的秘密任务。

意大利国防部委托意大利 Calzoni 公司开发的“U-Ranger”USV 最高航速为 40 节，采用模块化平台设计，能够集成多类型传感器和有效载荷，完成各种不同类型的任务。此外，该 USV 带有自主避障和目标特征识别的功能，能够自主执行预规划任务。

图 2-28　Aquarius USV

2.4.2　民用 USV 技术发展

USV 能够通过远程遥控或自身预先内置的程序实现自主航行，且可通过搭载不同的功能模块完成不同的任务使命，在军用和民用领域都具有广阔的应用前景和市场。军用 USV 的研究需要巨大的人力、物力和财力，因此许多商业公司、高等学校和科研单位等看到了 USV 的广阔应用前景后，也积极投入到小型民用 USV 的研发中。

英国自主水面航行器公司除了研发 C-Target 系列的军用 USV，还研发了多种类型的民用 USV。其研发的 ASV6300 USV，是一艘船长为 6.3m 的半潜式 USV，拥有完全自主、半自主和人为控制三种控制方式，能够长时间稳定、持续工作，并且能够搭载各种不同类型的传感器，如多波束回波测深仪、侧扫声呐、集成导电唯独深度传感器等，能够满足各种任务需求，如图 2-29（a）所示。CSTAT 移动浮漂是其研发的另一系列 USV，包含三种型号的 USV 以满足多种传感器的有效负荷，其最大的特点是配置了集成 GPS 的自主导航和位置保持控制系统，使得其可以长期部署于海上而不需要其他船舶或海床的锚固，如图 2-29（b）所示。此外，该公司还分别研发了 C-CAT USV 和 C-Enduro USV。C-CAT USV 是一种轻量型 USV，主要用于水文采集采样，如图 2-29（c）所示。C-Enduro USV 艇长为 4.1m，艇宽为 2.45m，碳纤维船体，吃水深度为 0.45m，集成了太阳能帆板、风力发电机和轻柴油发电机三种动力系统，使之能够在海上滞留长达 3 个月，且能够以 7 节的速度航行并执行科学任务，具有较强的续航能力，如图 2-29（d）所示。

（a）ASV6300 USV

（b）CSTAT 移动浮漂

（c）C-CAT USV

（d）C-Enduro USV

图 2-29　英国自主水面航行器公司研发的民用 USV

挪威船舶和海洋结构中心（Norwegian Centre for Ships and Ocean Structures）在其 2008 年的年度研究报告中表明，USV 技术是未来海洋油气勘探开发的关键，尤其是在使用成本低和降低人员安全风险方面具有很大的潜力。基于此，美国自动化机器人（Liquid Robotics）公司设计研发了利用波浪动能和太阳能的 USV——Wave Glider，其机翼系统能将波浪运动转换成推力，太阳能电池板可为负载供电，使得 Wave Glider 可以持续航行一年，而不需要为其电池充电，如图 2-30 所示。这也意味着它可以部署于离岸能源勘测任务中，实现从初期勘探到开发阶段的长期监测。

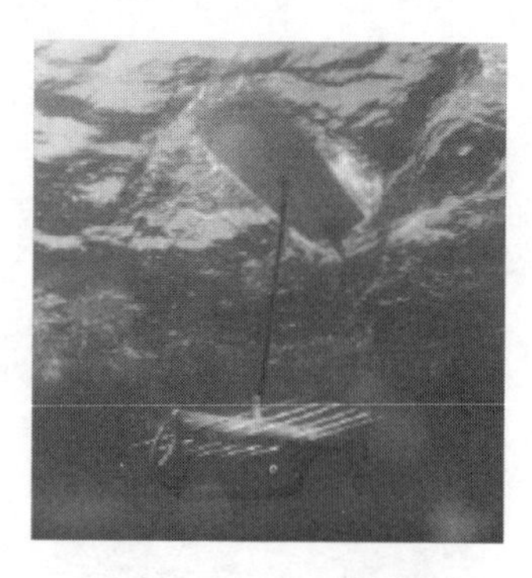
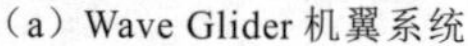

（a）Wave Glider 机翼系统

（b）Wave Glider 太阳能电池板

图 2-30　Wave Glider

意大利的电子工业公司（Societa Industrie Elettroniche，SIEL）研发的 UAPS20 无人自动航行系统，可以安装在任何 RHIB 上，以降低 USV 的开发成本，如图 2-31（a）所示。UAPS20 自动航行系统由两部分组成：安装在 RHIB 上的自动航行控制单元如图 2-31（b）所示，一体化操控台如图 2-31（c）所示。自动航行控制单元用于远程监视和控制 USV，可实现 USV 的自主航行，并通过一体化操控台远程遥控。一体化操控台可同时监控 15 艘 USV 的运行状态，系统集成了导航路径规划软件，如图 2-31（d）所示。该系统同时支持船载操控台对 USV 的手动控制，如图 2-31（e）所示。

英国的 H Scientific 公司研发的 SPECTER 遥控/自动航行系统与 UAPS20 系统功能类似，SPECTER 系统也可以安装在多类型有人驾驶船舶，使其成为无人航行船舶。SPECTER 系统已成为英国海岸警卫队在英国沿海水域使用的无人操作系统。SPECTER 系统可以与船舶导航系统和推进器连接实现船舶遥控/自动航行控制。SPECTER 系统融入先进传感器数据融合和自适应航行控制算法，船舶在高速航行的状态下可稳定实现自主导航。由于该系统将碰壁算法纳入 SPECTER 系统的自动导航仪，极大提升了 USV 的安全性。

位于美国佛罗里达州的 SeaRobotics 公司开发了多种小型的 USV，并为其提供配套的传感器和软件。该公司研发的 USV-1000 型高速三体帆船是一个模块化、轻量级的 USV。该船装备了复杂仪器系统和船载发电装置，通过搭载 Teledyne ODOM ES3-M 声呐多波束测量系统，为马萨诸塞州 Woods Holes 科学中心提供浅水海图测绘和海底生物研究。

（a）加装 UAPS20 的 RHIB

（b）自动航行控制单元

（c）一体化操控台

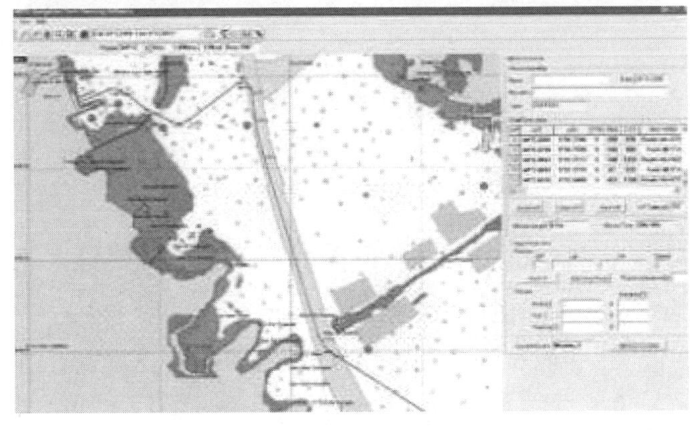

（d）导航路径规划软件

（e）船载操控台

图 2-31　UAPS20 无人自动航行系统

海洋环境监测、水文测量、水质监测等是一个重要的 USV 应用市场。日本雅马哈公司于 2000 年研发的 Kan-Chan USV 是世界上第一艘海洋大气探测 USV。此外，该公司还研发了 OT-91 USV，该艇艇长为 4.4m，采用柴油动力喷水作为动力推进系统，最大速度可达 40 节。搭载了一套自主导航系统、两台视频摄像机、一部扫描声呐和一套化学传感器设备，主要应用于海洋和大气生化物理参数研究。英国国防承包商 QinetiQ 研发的 Mimir 是一种半自主控制的浅水水域测量船，主要用于河流、河口、水库及港口等各种浅水水域的水质采样、数据收集等，并通过无线局域网将获取的数据回传到控制中心，如图 2-32（a）所示。美国国家航空航天局（National Aeronautics and Space Administration，NASA）研发的 OASIS 是一种利用太阳能供电的 USV，能够进行长期作业，主要为天气预报、飓风研究、常规航运路线规划等海洋业务提供支持，如图 2-32（b）所示。VITO 研究机构于 2011 年 9 月研发的 Aqua Drone，是一种用于沿海和内陆水域水质监测、水文测量等的 USV，其利用先进的 GPS 系统，可依据预先设定的任务进行完全自主控制，如图 2-32（c）所示。

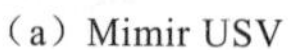
（a）Mimir USV　　（b）OASIS USV　　（c）Aqua Drone

图 2-32　各种型号的水质环境监测船

相对于西方海洋科技强国，我国 USV 技术起步较晚，技术水平相对滞后。目前，我国研制的 USV 主要包括以下 3 种。

（1）由中国航天科工集团公司和中国气象局大气探测技术中心共同研发的“天象一号”USV 是我国的第一艘气象探测 USV，也是我国第一艘用于工程实际的 USV，如图 2-33 所示。该 USV 船长为 6.5m，碳纤维船体，驾驶模式有两种：一种是人工遥控模式，一种是自动驾驶模式。也就是说，该 USV 可以按预定航线行驶，如果途中遇到障碍物，可通过目标搜索识别系统和处理系统进行避让航行。该 USV 还配备有可靠的动力系统，航程可达数百千米，一次可以在海面作业约 20 天，填补了中国海洋气象动态探测的空白。该 USV 在 2008 年青岛奥帆赛期间完成了指定区域风向、风速、水温、气温等多项环境参数的测量任务。

图 2-33 “天象一号”USV

（2）由东海航海保障中心上海海事测绘中心、上海大学和青岛北海船舶重工有限公司联合研发的无人测量艇是我国自主研发的首艘无人测量艇，于 2013 年在南海进行了首航，如图 2-34 所示。该艇为全封闭艇，最大航速为 18 节，具有高抗倾覆性、集成度高、操作方便等特点。实现了遥控与自主导航航行、路径规划、路径跟踪、水面及水下障碍的自动避障/避碰、远距离自主航行、海洋多要素综合测量等功能，满足了海事测绘部门在浅滩、暗礁等危险复杂水域及特殊海况下进行测量作业的需求，填补了我国海洋测绘远程操控无人驾驶测量的空白。

图 2-34 中国首艘自主研发的无人测量艇

（3）2014 年，珠海云洲智能科技有限公司自主研发了通用化海洋高速无人船平台——领航者 USV，如图 2-35 所示。该 USV 船长达 4m，玻璃钢船体，采用的油电混合动力系统最高可提供 30 节的航速。能够在 1000km 范围内通过 GPS 或北斗系统实现高精度定位自主航行、自主作业，且可以搭载 UAV、UUV 进行协同作业，可用于环保监测、科研勘探、水下测绘、搜索救援、安防巡逻等诸多领域。

图 2-35 “领航者”USV

2.5 本章小结

本章主要对新兴的海洋智能平台——USV 技术进行了介绍与分析。首先，介绍了 USV 技术的起源及早期 USV 的应用情况；其次，对现代 USV 的原型——猫头鹰系列 USV 的技术演进过程进行了详细介绍；然后，通过介绍在过去 20 年间，美国、以色列、英国等西方各国所研发的具有里程碑意义的 USV 项目，分析阐述 USV 在军事领域的应用，以及军用 USV 技术的发展；最后，通过介绍国内外研发的具有代表性的民用 USV，描述了 USV 在民用领域的应用，以及民用 USV 技术的发展状况。

第3章

海上多智能体编队编成

3.1 引言

多智能体编队编成的确定与优化可采用定性研究和定量研究两种方法。定性研究方法主要依赖于专家经验，编队编成迅速，计算成本低，但该方式难以对编队的任务执行效能进行科学准确的评估。而定量研究方法可以通过构建编队编成模型描述备选智能体与任务需求之间的关系，能够充分考虑备选智能体个体效能对多智能体编队任务执行效能的影响。

本章以南海无人岛礁防卫为任务背景，对海上多智能体的编队编成问题进行研究。首先，结合无人岛礁防卫的任务需求，对海上多智能体的编队编成问题进行描述；其次，介绍一种编队编成算法以解决海上多智能体的编队编成问题，该算法通过引入任务执行效能指数，实现编队任务执行效能的表征，在此基础上完成编队编成模型的构建，并利用改进的二进制粒子群优化（Binary Particle Swarm Optimization，BPSO）算法对构建的编队编成模型进行动态解算，获得最优的编队编成方案；最后，通过仿真实验验证本章所介绍的编队编成算法的有效性。

3.2 编队编成问题描述

定义 1：假设可选的海上智能体集合空间为 $\boldsymbol{N}$，在 $\boldsymbol{N}$ 中选择一定数量的智能体完成特定任务的编队组织形式被称为编队编成方案 $\boldsymbol{B}$，所有能够完成特定任务的编队编成方案构成集合$\boldsymbol{\Omega_B}$；在编队编成方案集合$\boldsymbol{\Omega_B}$ 中，最优的编队编成方案为 $\boldsymbol{B}^*$。

海上多智能体编队编成问题就是针对某一特定任务，依据编队编成原则，生成编队编成方案集合$\boldsymbol{\Omega_B}$，然后在$\boldsymbol{\Omega_B}$ 中寻求最优的编队编成方案 $\boldsymbol{B}^*$，最大化编队的任务执行效能。

3.2.1 编队编成基本原则

在对多智能体编队编成问题进行解算时，不仅需要考虑各智能体的性能和任务执行能力，还需要考虑智能体间的相互作用，其基本原则如下所述。

（1）**任务牵引，整体优化**。这个原则是指编队编成应根据任务需要进行合理配置，在现有可用资源空间（可选的海上智能体集合）的基础上，实现编队任务执行效能的最大化。主要体现在三个方面：一是要确保编队能够完成任务，即确定的编队编成方案能够满足编队执行特定任务的需要；二是要确保编队的任务执行效能最大化，即确定的编队编成方案是最优的编队编成方案；三是要确保编队具有一定的鲁棒性，即确定的编队编成方案对任务的变化情况具有一定的适应性。

（2）**优势互补，攻防兼备**。这个原则是指编队编成不仅需要确保编队内各智能体间能够优势互补，各种任务执行能力能够相互补充，使得编队具有较强的攻击能力，还需要确保编队具有较强的防御能力。主要体现在两个方面：一是由于智能体的类型、巡航速度、载荷能力、防御能力、任务执行能力等性能存在差异，使得各智能体都具有自身的优势和劣势，因此，在进行编队编成时，应考虑智能体的性能差异，确保智能体间能够优势互补；二是待执行的任务不仅要具有一定的防御能力，还要具有一定的攻击能力，在任务执行过程中，也会对我方智能体编队造成一定的威胁，因此要求确定的编队编成方案不仅需要具备较强的任务执行能力，还需要具备较强的防御能力，能够做到攻防兼备，确保编队生命周期的最大化。

（3）**通信顺畅，协同决策**。这个原则是指编队编成不是各个智能体的简单叠加，而是各智能体相互作用、相互协调的综合结果。编队编成不仅要考虑编队内各智能体的能力，还要考虑编队智能体间的协调性和可靠性问题。不同的编队编成方案，编队内智能体间的协同指挥控制能力是有差别的，这将影响编队的任务执行效能，进而直接影响编队执行任务的持续性。主要体现在两个方面：一是编队内各智能体间应相互协同，保证各智能体间能够进行顺畅通信，确保任务状态、控制指令、任务决策等信息的可靠传输；二是在确保编队具备较大任务执行效能的前提下，提高编队的生存能力，确保编队生命周期的最大化。

3.2.2 编队编成问题描述

本节以南海无人岛礁防卫为任务背景，对海上多智能体编队编成问题进行描述。

（1）假设当敌方入侵时，指控中心可以通过天基、空中、水面和水下等多维侦察平台获取敌方编队的威胁特征信息，包括敌方编队的组成（兵力类型、数量、作战能力等）、敌方编队的行动企图和各兵力单元的位置、运动要素等信息。

（2）指控中心根据获取的敌方编队信息及我方智能体的性能信息，明确编队编成的约束条件和目标函数，完成编队编成模型的构建。多智能体协同执行任务与单智能体独自执行任务的最大区别在于协同性。因此，在构建编队编成模型的过程中，不仅要考虑各智能体的性能，更要考虑智能体间的相互协同作用。

（3）对构建的编队编成模型进行解算，产生满足约束条件的最优解，即为最优的编队编成方案。

（4）根据最优的编队编成方案，组成我方智能体编队，开始执行任务，确保我方编队任务执行效能的最大化。

3.3 海上多智能体编队编成模型

3.3.1 编队任务执行效能

假设可选的海上智能体集合空间 $\boldsymbol{N}$ 内共有 n_{P} 种型号的可选智能体，型号依次编号为$i=1,2,\cdots,n_{\mathrm{I}}$，$\boldsymbol{N}_{\mathbf{I}}=\{1,2,\cdots,n_{\mathrm{I}}\}$表示智能体的可选型号集合，第$i$种型号智能体的数量为$n_{\mathrm{J}}^{i}$，依次编号为$j=1,2,\cdots,n_{\mathrm{J}}^{i}$，$\boldsymbol{N}_{\mathbf{J}}=\{1,2,\cdots,n_{\mathrm{J}}^{i}\}$表示第$i$种型号的智能体集合，则可选的海上智能体集合空间$\boldsymbol{N}$可表示为$\boldsymbol{N}=\boldsymbol{N}_{\mathbf{I}}\times\boldsymbol{N}_{\mathbf{J}}$，可选智能体的总数目为$\sum_{i=1}^{n_{\mathrm{I}}}n_{\mathrm{J}}^{i}$。

海上多智能体编队编成的目的是在可选的智能体集合空间$\boldsymbol{N}$内寻找最优的智能体组合形式，提高编队的任务执行能力，确保编队任务执行效能的最大化。编队的任务执行效能与编队的任务执行能力和编队的构建成本有关。由于编队编成不是编队内各智能体的简单叠加，而是智能体间相互作用、相互协调的综合结果，因此编队的任务执行能力不仅与编队内各智能体的个体任务执行能力有关，还与编队内智能体间的协同任务执行能力有关。智能体的个体任务执行能力是指智能体自身的任务执行能力，是自身能力的直接表现。智能体间的协同任务执行能力是指智能体间相互作用、相互补充、相互制约而产生的协同能力，是智能体间协同性能的体现。

为了描述和表征编队的任务执行效能，引入任务执行效能指数进行度量。由以上分析和描述可知，编队的任务执行效能指数可表示为

$$\xi(\boldsymbol{B})=\frac{f(\boldsymbol{B})}{g(\boldsymbol{B})}=\frac{\omega_{\mathrm{I}}f_{\mathrm{I}}(\boldsymbol{B})+\omega_{\mathrm{C}}f_{\mathrm{C}}(\boldsymbol{B})}{g(\boldsymbol{B})} \tag{3-1}$$

式中，$\xi(\boldsymbol{B})$表示编队编成方案$\boldsymbol{B}$的任务执行效能指数；$f(\boldsymbol{B})$表示编队编成方案$\boldsymbol{B}$的任务执行能力；$g(\boldsymbol{B})$表示编队编成方案$\boldsymbol{B}$的成本；$f_{\mathrm{I}}(\boldsymbol{B})$、$f_{\mathrm{C}}(\boldsymbol{B})$分别表示编队编成方案$\boldsymbol{B}$的个体任务执行能力和协同任务执行能力；$\omega_{\mathrm{I}}$、$\omega_{\mathrm{C}}$分别是对应的加权系数，且$\omega_{\mathrm{I}}+\omega_{\mathrm{C}}=1$。

编队编成方案$\boldsymbol{B}$的个体任务执行能力$f_{\mathrm{I}}(\boldsymbol{B})$与编队内各智能体的个体任务执行能力有关。体现各智能体个体任务执行能力的度量指标有搜索能力、跟踪能力、反应能力、对空作战能力等。一般而言，可以根据执行的任务类型选择表征各智能体个体任务执行能力的属性指标。将描述各智能体个体任务执行能力的属性指标依次编码为$p=1,2,\cdots,n_{\mathrm{P}}$，$\boldsymbol{N}_{\mathbf{P}}=\{1,2,\cdots,n_{\mathrm{P}}\}$表示个体任务执行能力的属性指标集合，则编队编成方案$\boldsymbol{B}$的个体任务执行能力$f_{\mathrm{I}}(\boldsymbol{B})$可表征为

$$f_{\mathrm{I}}(\boldsymbol{B})=\frac{\sum_{p=1}^{n_{\mathrm{P}}}(\alpha_p\cdot\sum_{(i,j)\in\boldsymbol{B}}I_{ijp}^{\wedge})}{\sigma(\alpha_p\cdot\sum_{(i,j)\in\boldsymbol{B}}I_{ijp}^{\wedge})}=\frac{\sum_{p=1}^{n_{\mathrm{P}}}(\alpha_p\cdot\sum_{i=1}^{n_{\mathrm{I}}}\sum_{j=1}^{n_{\mathrm{J}}^{i}}I_{ijp}^{\wedge}\cdot x_{ij})}{\sigma(\alpha_p\cdot\sum_{i=1}^{n_{\mathrm{I}}}\sum_{j=1}^{n_{J}^{i}}I_{ijp}^{\wedge}\cdot x_{ij})} \tag{3-2}$$

式中，$i\in\boldsymbol{N}_{\mathbf{I}}$，$j\in\boldsymbol{N}_{\mathbf{J}}$，$p\in\boldsymbol{N}_{\mathbf{P}}$；$x_{ij}$ 表示第 i 种型号的第 j 个智能体是否纳入编队，如果纳入，则 $x_{ij}=1$，否则 $x_{ij}=0$；α_p 表示编队个体任务执行能力的第 p 个属性指标的加权系数；符号“^”表示规范化操作，$I^{\wedge}_{ijp}$ 表示进行规范化处理后的第 i 种型号的第 j 个智能体的个体任务执行能力的第 p 个属性指标值，即 $I^{\wedge}_{ijp}$ 是 I_{ijp} 进行规范化处理后得到的数据值，因为表征智能体个体任务执行能力属性的量纲不同，因此需要进行规范化处理，其过程见定义 2；$\sigma(y)$表示数据集 y 的标准差。

定义 2：设矩阵 $\boldsymbol{Z}=[z_{ij}]_{a\times b}$ 是一个 a 行 b 列的矩阵，对该矩阵进行规范化处理后获得的矩阵为 $\boldsymbol{Z}^{\wedge}=[z_{ij}^{\wedge}]_{a\times b}$。其规范化处理公式为

$$z_{ij}^{\wedge}=\frac{z_{ij}-\min z_{ij}}{\max z_{ij}-\min z_{ij}} \tag{3-3}$$

式中，$\max z_{ij}$、$\min z_{ij}$ 分别表示矩阵 $\boldsymbol{Z}$ 元素的最大值和最小值。

编队编成方案 $\boldsymbol{B}$ 的协同任务执行能力 $f_{\mathrm{C}}(\boldsymbol{B})$ 与编队内各智能体间的协同任务执行能力有关，体现智能体间协同任务执行能力的主要属性指标有隐蔽性能力、机动协调能力、指挥控制协同能力和火力协同能力等。其中，隐蔽性能力表征编队智能体被敌方编队发现的概率，也间接表征编队内各智能体的生命周期和作战持续力，取决于各智能体的雷达反射截面积等因素；机动协调能力表征编队整体的机动能力，取决于各智能体间巡航速度、续航能力、最大回旋半径等机动性能的适配度；指挥控制协同能力表征编队整体的指挥控制能力，是编队协同执行任务能力能否发挥的关键因素，取决于各智能体间指挥手段、通信方式、通信频率等因素的适配度；火力协同能力表征编队整体的火力打击能力，取决于各智能体间载荷类型、载荷数量、火力反应时间等因素的适配性。将描述智能体间协同任务执行能力的属性指标依次编码为 $q=1,2,\cdots,n_{\mathrm{Q}}$，$\boldsymbol{N}_{\mathbf{Q}}=\{1,2,\cdots,n_{\mathrm{Q}}\}$表示智能体间协同任务执行能力的属性指标集合，则编队内各智能体的协同任务执行能力属性越接近，编队内各智能体间的协调性就越好，编队的协同任务执行能力也就越高。为此，引入模糊相似度表征各智能体间协同

任务执行能力属性的接近程度，则编队编成方案 $\boldsymbol{B}$ 的协同任务执行能力 $f_{\mathrm{C}}(\boldsymbol{B})$ 可表征为

$$f_{\mathrm{C}}(\boldsymbol{B})=\sum_{(i_1,j_1),(i_2,j_2)\in\boldsymbol{B}} S_{i_1j_1,i_2j_2} \tag{3-4}$$

式中，

$$S_{i_1j_1,i_2j_2}=\begin{cases}\sum_{q=1}^{n_{\mathrm{Q}}}\dfrac{\min(C^{\wedge}_{i_1j_1q},C^{\wedge}_{i_2j_2q})}{\max(C^{\wedge}_{i_1j_1q},C^{\wedge}_{i_2j_2q})}\Big/ n_{\mathrm{Q}} & i_1\neq i_2\\ 1 & i_1=i_2\end{cases} \tag{3-5}$$

式中，$S_{i_1j_1,i_2j_2}$ 表示第 i_1 种型号的第 j_1 个智能体与第 i_2 种型号的第 j_2 个智能体间协同任务执行能力属性的模糊相似度；$C^{\wedge}_{ijq}$ 表示按照定义 2 进行规范化处理后的第 i 种型号的第 j 个智能体的协同任务执行能力的第 q 个属性指标值。

编队编成方案 $\boldsymbol{B}$ 的成本 $g(\boldsymbol{B})$ 不仅与组成编队的各个智能体的固有成本有关，还与敌方编队对各个智能体的威胁度有关。因此，编队编成方案 $\boldsymbol{B}$ 的成本 $g(\boldsymbol{B})$ 可表征为

$$g(\boldsymbol{B})=\sum_{(i,j)\in\boldsymbol{B}}(P_{ij}\cdot p_{ij})^{\wedge}=\sum_{i=1}^{n_1}\sum_{j=1}^{n_1^i}(P_{ij}\cdot p_{ij})^{\wedge}\cdot x_{ij} \tag{3-6}$$

式中，P_{ij} 表示第 i 种型号的第 j 个智能体的固有成本；p_{ij} 表示敌方编队对第 i 种型号的第 j 个智能体的威胁概率；符号“ ^ ”表示对数据 $P_{ij}\cdot p_{ij}$ 根据式（3-3）进行规范化处理。

3.3.2 编队编成模型

由以上的分析可知，海上多智能体编队编成问题可描述为

$$\max\ \xi(\boldsymbol{B})=\max\ \frac{f(\boldsymbol{B})}{g(\boldsymbol{B})}=\max\ \frac{\omega_I f_I(\boldsymbol{B})+\omega_C f_C(\boldsymbol{B})}{g(\boldsymbol{B})}$$

$$=\max\ \frac{\omega_I\cdot\left(\dfrac{\sum_{p=1}^{n_P}(\alpha_p\cdot\sum_{(i,j)\in\boldsymbol{B}}I^{\wedge}_{ijp})}{\sigma(\alpha_p\cdot\sum_{(i,j)\in\boldsymbol{B}}I^{\wedge}_{ijp})}\right)+\omega_C\cdot\left(\sum_{(i_1,j_1),(i_2,j_2)\in\boldsymbol{B}}S_{i_1j_1,i_2j_2}\right)}{\sum_{(i,j)\in\boldsymbol{B}}(P_{ij}\cdot p_{ij})^{\wedge}}$$

$$\text{s.t.}\quad\begin{cases} n_{\min} \leqslant \sum_{i=1}^{n_I}\sum_{j=1}^{n_J^i} x_{ij} \leqslant n_{\max} \\ \sum_{j=1}^{n_J^i} x_{ij} \leqslant n_J^i \\ x_{ij} \in \{0,1\} \\ \boldsymbol{B}_0 \subset \boldsymbol{B} \\ f(\boldsymbol{B}) \geqslant f(\boldsymbol{B}^e) \end{cases} \tag{3-7}$$

式中，x_{ij} 表示第 i 种型号的第 j 个智能体是否纳入编队编成方案 $\boldsymbol{B}$ 中，如果纳入，则 $x_{ij}=1$，否则 $x_{ij}=0$；$n_{\min}$，$n_{\max}$ 分别表示编队规模的最小值和最大值；$\boldsymbol{B}_0$ 表示编队中必须包含的智能体集合；$\boldsymbol{B}^e$ 表示敌方编队编成方案；$f(\boldsymbol{B}^e)$ 表示敌方编队的任务执行能力。

对上述构建的编队编成模型进行解算获得最优解 x_{ij}^*，从而可得到最优的编队编成方案 $\boldsymbol{B}^*$，即

$$\boldsymbol{B}^* = \{(i,j) \mid x_{ij}^* = 1; i=1,2,\cdots,n_I; j=1,2,\cdots,n_J^i\} \tag{3-8}$$

3.4 基于 DNBPSO 的海上多智能体编队编成算法

在对海上多智能体编队编成问题进行建模后，需要对构建的编队编成模型进行解算以获得最优的编队编成方案。由于构建的编队编成模型是多约束的 0-1 组合优化模型，因此可以利用 BPSO 算法对该模型进行解算。

3.4.1 粒子群优化算法描述

粒子群优化（Particle Swarm Optimization，PSO）算法是一种典型的群智能优化算法，由美国社会心理学家 Kennedy 和电气工程师 Eberhart 于 1995 年共同提出。其思想源于对鸟群、鱼群等生物系统的群体行为及人类认知机理的模拟[133]。该算法具有模型简单、简单易实现、收敛速度快、鲁棒性好等特点，是一种高效的随机搜索方法，自提出以来得到了广泛的关注。目前，该算法已被广泛应用在电力、机械、化工、经济等领域。

1）基本粒子群优化算法描述

（1）基本粒子群优化算法原理 PSO 算法是一种基于迭代的优化算法，在利用 PSO 算法对优化问题进行解算时，优化问题的解被抽象为没有质量和体积的粒子，优化问题的解空间构成粒子的搜索空间。粒子在搜索空间中以一定的速度飞行，飞行速度根据粒子个体和粒子种群的飞行经验进行动态调整。搜索空间内粒子的状态通过速度和位置来描述，记搜索空间内粒子 s 的维度为 n_D，则粒子 s 的速度和位置可分别表示为 $\boldsymbol{V}_s=(v_{s1},v_{s2},\cdots,v_{sn},\cdots,v_{sn_D})$，$\boldsymbol{X}_s=(x_{s1},x_{s2},\cdots,x_{sn},\cdots,x_{sn_D})$，$n=1,2,\cdots,n_D$。此外，粒子 s 还有一个被优化函数决定的适应度值，记为 $fit(\boldsymbol{X}_s)$。粒子 s 根据自身的适应度值可知自身所经历的最好位置，即粒子 s 的局部最佳位置，记为 $\boldsymbol{P}_s=(p_{s1},p_{s2},\cdots,p_{sn},\cdots,p_{sn_D})$。粒子 s 通过与邻域粒子的信息交互，可知粒子种群所经历的最好位置，即粒子种群的全局最佳位置，记为 $\boldsymbol{P}_g=(p_{g1},p_{g2},\cdots,p_{gn},\cdots,p_{gn_D})$。基本 PSO 算法的粒子速度和位置的更新公式如为

$$\boldsymbol{V}_s^{t+1}=\omega\times\boldsymbol{V}_s^t+c_1r_1\times(\boldsymbol{P}_s^t-\boldsymbol{X}_s^t)+c_2r_2\times(\boldsymbol{P}_g^t-\boldsymbol{X}_s^t) \tag{3-9}$$

$$\boldsymbol{X}_s^{t+1}=\boldsymbol{X}_s^t+\boldsymbol{V}_s^{t+1} \tag{3-10}$$

式中，$s=1,2,\cdots,n_S$，n_S 表示粒子种群的规模；t 表示当前的迭代次数，$t=1,2,\cdots,t_{\max}$（$t_{\max}$ 表示最大的迭代次数）；ω 表示惯性权重；c_1 和 c_2 是两个加速度常数，分别称为认知学习因子和社会学习因子；r_1 和 r_2 是服从均匀分布 $U(0,1)$ 的相互独立的两个随机数；$\boldsymbol{V}_s^t$、$\boldsymbol{X}_s^t$、$\boldsymbol{P}_s^t$ 和 $\boldsymbol{P}_g^t$ 分别表示第 t 次迭代中粒子 s 的速度、位置、局部最佳位置和粒子种群的全局最佳位置。

由式（3-9）可知，粒子速度的更新包括三部分：第一部分是惯性部分，代表粒子按照当前速度所进行的惯性运动；第二部分是认知部分，代表粒子对自身历史经验的认知和继承度；第三部分表示社会部分，代表粒子对种群社会信息的共享和学习度。粒子更新过程如图 3-1 所示。

（2）基本粒子群优化算法流程 根据上述基本 PSO 算法的原理描述，基本 PSO 算法主要通过以下四个步骤实现。

- **步骤一：**初始化粒子种群。在搜索空间内随机产生 n_S 个粒子，包括粒子的位置和速度，在此基础上，计算各粒子的适应度值，进而确定各粒子的局部最佳位置和粒子种群的全局最佳位置。

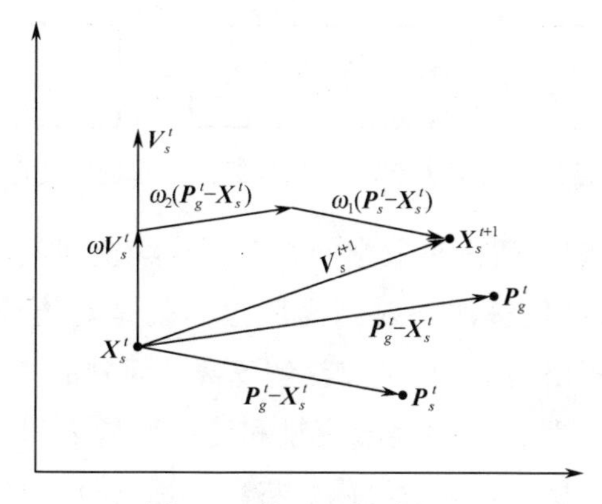

图 3-1　粒子更新过程

- **步骤二：** 更新粒子的速度和位置。根据式（3-9）更新粒子的速度，在此基础上，根据式（3-10）更新粒子的位置。
- **步骤三：** 更新粒子的局部最佳位置和粒子种群的全局最佳位置。计算更新后粒子的适应度值，并在此基础上，更新各粒子的局部最佳位置和粒子种群的全局最佳位置。
- **步骤四：** 判断算法是否满足终止条件。若不满足，则返回步骤二；否则，迭代终止，输出粒子种群的全局最佳位置，即待解算问题的最优解。

2）离散粒子群优化算法

基本 PSO 算法的本质具有连续的特点，适合对连续优化问题进行解算，然而工程实际中的组合优化问题都是离散的，不能直接运用基本 PSO 算法对此类问题进行解算，需要对基本 PSO 算法进行离散化处理。目前，常用的离散化处理方式主要有以下两种。

（1）直接将基本 PSO 算法用于离散问题的解算　直接将基本 PSO 算法用于离散问题的解算，是指采用一定的策略，将特定的离散组合优化问题直接转换成连续的组合优化问题，并在此基础上，直接利用基本 PSO 算法进行解算。在解算过程中，这种方式仍然保留了基本 PSO 算法中粒子更新的连续运算规则。其处理过程如图 3-2 所示。

图 3-2 直接利用基本 PSO 算法解算离散问题的处理过程

在图 3-2 中，将解空间由离散空间映射到连续空间就是对离散变量进行连续化处理，将获得的最优解逆映射到离散空间就是对连续变量进行离散化处理。由此可知，直接利用基本 PSO 算法解算离散问题的关键是离散变量和连续变量之间的对应转换。目前，对离散变量和连续变量之间对应转换处理的方法主要有映射编码和取整操作。映射编码是将离散解空间内的解 $\boldsymbol{X}_s$ 通过一定的映射关系直接转换成连续解空间内的解，即将 n_D 维的离散变量转换成一个数值，再利用基本 PSO 算法解算最优解，再通过对应的逆映射将此最优解转换成离散解空间内对应的解；取整操作是将离散解空间内的解的每一维取值 x_{sn} 直接看作连续解空间内的解，再利用基本 PSO 算法解算最优解的每一维取值，然后对获取的最优解的每一维取值进行近似取整操作，将其转换成离散解空间内对应的解。

（2）重新定义基本 PSO 算法的运算操作 重新定义基本 PSO 算法的运算操作，是指以基本 PSO 算法的原理为基础，根据待解算问题特有的离散表示形式重新定义粒子更新公式的操作算子，并在此基础上，对待解算的离散组合优化问题进行直接解算。在解算过程中，这种方式以离散空间特有的矢量位操作取代传统向量计算，但仍然保留了基本 PSO 算法特有的信息交互和共享机制。其处理过程如图 3-3 所示。

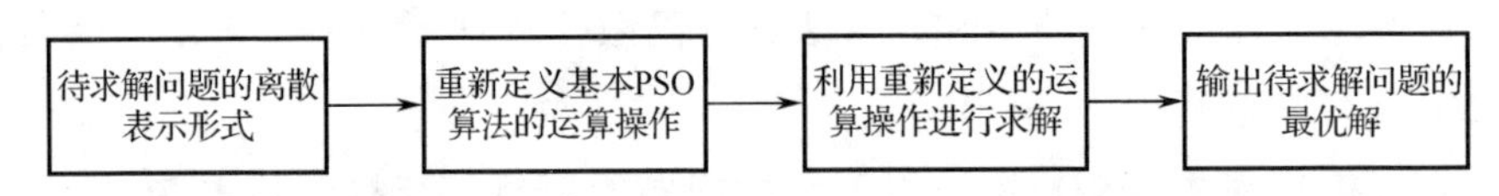

图 3-3 重新定义基本 PSO 算法的运算操作解算离散问题的处理过程

上述两种方法的区别在于：第一种方法将实际离散问题映射到连续空间，并在连续空间中计算并解算；第二种方法则是将基本 PSO 算法映射到离散空间，并在离散空间中计算和解算。根据各自的特点，将第一种方法称为基于连续空间的离散粒子群优化算法，后者称为基于离散空间的离散粒子群优化算法。

3.4.2 DNBPSO 算法描述

1）二进制粒子群优化算法描述

BPSO 算法是由 Kennedy 等人于 1997 年提出的一种基于二进制编码的 PSO 算法。它开拓了 PSO 算法在离散优化问题中的应用[134]。BPSO 算法的速度和位置更新公式为

$$v_{sn}^{t+1}=\omega\times v_{sn}^{t}+c_1r_1\times(p_{sn}^{t}-x_{sn}^{t})+c_2r_2\times(p_{gn}^{t}-x_{sn}^{t}) \tag{3-11}$$

$$x_{sn}^{t+1}=\begin{cases}0, & rand()>sig(v_{sn}^{t+1})\\ 1, & rand()\leqslant sig(v_{sn}^{t+1})\end{cases} \tag{3-12}$$

其中

$$sig(x)=\frac{1}{1+\exp(-x)} \tag{3-13}$$

式中，v_{sn}^{t}，x_{sn}^{t} 分别表示第 t 次迭代中粒子 s 的第 n 维参数的速度和取值；p_{sn}^{t} 表示粒子 s 局部最佳位置的第 n 维参数的取值；p_{gn}^{t} 表示粒子种群全局最佳位置的第 n 维参数的取值；ω 表示惯性权重；c_1 和 c_2 分别表示认知学习因子和社会学习因子；r_1 和 r_2 是服从均匀分布 $U(0,1)$ 的相互独立的两个随机数；$rand()$ 表示 [0,1] 区间内的一个随机数；$sig(x)$ 表示粒子位置分量取 0 或 1 的概率。

2）改进的二进制粒子群优化算法描述

文献[135]证明了 BPSO 算法具有很强的全局搜索能力，且随着迭代次数的增加，粒子的随机性越来越强，缺乏局部搜索能力，不能以概率 1 收敛于全局最优解。文献中针对该问题提出了一种改进的 BPSO 算法——NBPSO 算法。该算法在粒子更新迭代的后期，通过改变粒子位置的更新规则提升粒子的局部搜索能力，确保粒子能以概率 1 收敛于全局最优解。NBPSO 算法的粒子位置更新规则见式（3-14）。

$$x_{sn}^{t+1}=\begin{cases}\text{粒子位置更新规则}1, & t<\gamma\times t_{\max}\\ \text{粒子位置更新规则}2, & t\geqslant\gamma\times t_{\max}\end{cases} \tag{3-14}$$

式中，t 表示当前的迭代次数；$t_{\max}$ 表示最大的迭代次数；γ 表示[0,1]区间内的一个实数，用于平衡粒子的全局搜索能力和局部搜索能力。在迭代前期，粒子位置更新规则采用规则 1，确保粒子具有较强的全局搜索能力；在迭代后期，粒子位置更新规则采用规则 2，提升粒子的局部搜索能力，且确保粒子能以概率 1 收

敛于全局最优解。粒子位置更新规则 1 见式（3-12）和式（3-13），粒子位置更新规则 2 见式（3-15）和式（3-16）。

$$x_{sn}^{t+1}=\begin{cases}0, & v_{sn}^{t+1}<0\ \&\&\ rand()\leqslant sig(v_{sn}^{t+1})\\ 1, & v_{sn}^{t+1}>0\ \&\&\ rand()\leqslant sig(v_{sn}^{t+1})\\ x_{sn}^{t}, & rand()>sig(v_{sn}^{t+1})\end{cases} \tag{3-15}$$

其中

$$sig(x)=\begin{cases}\dfrac{2}{1+\exp(-x)}-1, & v_{sn}^{t+1}>0\\ 1-\dfrac{2}{1+\exp(-x)}, & v_{sn}^{t+1}\leqslant 0\end{cases} \tag{3-16}$$

上述的 NBPSO 算法通过改进粒子位置更新规则并引入参数γ确定粒子位置的更新规则，使得 NBPSO 能以概率 1 收敛于全局最优解。但算法的性能与参数γ的取值息息相关，且参数γ的取值是一个实数，缺乏动态适应性。基于此，本章在 NBPSO 算法的基础上，介绍一种基于粒子多样性的 NBPSO 算法——DNBPSO 算法。该算法通过利用混沌序列实现粒子种群的初始化，提高初始种群的质量和多样性；同时，利用粒子的多样性自适应动态调整粒子的更新过程，确定粒子位置的更新规则，提高算法的收敛速度和全局寻优能力。

（1）基于混沌理论思想的粒子种群初始化 初始种群的质量对算法的性能有很大的影响，尤其是对算法的解算质量和收敛速度的影响。初始粒子在搜索空间内分布得越随机、越均匀，粒子种群的多样性就越大，粒子的全局搜索能力就越强。为此，引入混沌序列实现粒子位置的初始化，充分利用混沌序列随机性、遍历性的特点，保证粒子位置随机产生的同时，提高粒子种群的遍历性和多样性。

首先，利用经典的 Logistic 映射产生混沌序列，表达式为

$$y_{s+1}=\mu y_s(1-y_s) \tag{3-17}$$

式中，μ表示 Logistic 映射的分形参数；$\boldsymbol{Y}=(y_1,\cdots y_s,\cdots y_{n_S})$表示产生的混沌序列。当$\mu=4$且$y^t\in[0,1]$时，Logistic 映射迭代序列处于完全混沌状态。

由于粒子的位置是一个二进制编码，因此利用十进制数转换为二进制数的映射编码规则，将产生的序列长度为n_S的混沌序列映射为n_S个二进制编码，即为n_S个粒子的初始位置。

（2）粒子更新过程的自适应动态调整 为提高 BPSO 算法的收敛速度和全局寻优能力，在算法的迭代前期，应确保粒子具有较强的全局搜索能力，此时粒子的多样性较大；在算法的迭代后期，应确保粒子具有较强的局部搜索能力，此时粒子的多样性相对较小。为此，利用粒子的多样性动态自适应性调整粒子的更新规则。

由于粒子是一个二进制编码序列，采用粒子 s 局部最佳位置 $\boldsymbol{P}_s$ 和粒子种群全局最佳位置 $\boldsymbol{P}_g$ 之间的相异程度定义粒子 s 的多样性，表达式为

$$div_s = \frac{H\_d(\boldsymbol{P}_s, \boldsymbol{P}_g)}{n_D} \tag{3-18}$$

其中

$$H\_d(\boldsymbol{P}_s, \boldsymbol{P}_g) = \sum_{n=1}^{n_D} (p_{sn} \oplus p_{gn}) \tag{3-19}$$

式中，div_s 表示粒子 s 的多样性；$H\_d(\boldsymbol{P}_s, \boldsymbol{P}_g)$ 表示 $\boldsymbol{P}_s$ 和 $\boldsymbol{P}_g$ 之间的汉明距离；$\oplus$ 表示异或操作。

在此基础上，利用粒子 s 的多样性对粒子位置的更新规则进行自适应动态选择。自适应动态选择规则为：在算法的迭代寻优过程中，当粒子 s 的多样性小于给定的阈值时，粒子位置更新规则采用规则 1，确保粒子具有较强的全局探测能力；当粒子 s 的多样性大于或等于给定的阈值时，粒子位置更新规则采用规则 2，提高粒子的局部搜索能力。

根据上述描述，DNBPSO 算法的粒子位置更新公式可表示为

$$x_{sn}^{t+1} = \begin{cases} \text{粒子位置更新规则1}, & div_s < div_{th} \\ \text{粒子位置更新规则2}, & div_s \geqslant div_{th} \end{cases} \tag{3-20}$$

式中，div_s 表示粒子 s 的多样性；div_{th} 表示粒子多样性阈值；粒子位置更新规则 1 见式（3-12）和式（3-13），粒子位置更新规则 2 见式（3-15）和式（3-16）。

3.4.3 基于 DNBPSO 的海上多智能体编队编成算法描述

海上多智能体编队编成问题是个典型的 0-1 整数规划问题，可以利用上述改进的 BPSO 算法——DNBPSO 算法对该问题进行动态解算。下面结合海上多智能体编队编成问题的特征，对运用 DNBPSO 算法解算该问题的过程进行描述。

1）粒子编码结构

由上述描述可知，海上多智能体编队编成问题就是在含有 n_I 种型号（第 i 种型号智能体的数量为 n_J^i）的可选智能体空间内找寻最优的智能体组合。为了解算过程的简便，对可选海上智能体集合空间内的 $\sum_{i=1}^{n_I} n_J^i$ 个智能体进行如图 3-4 所示的统一编码。

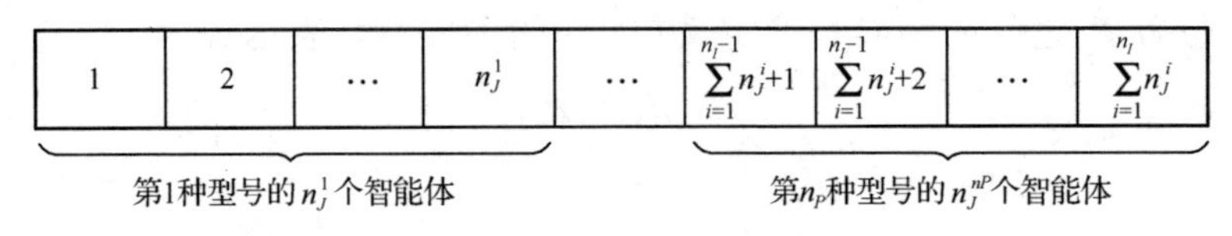

图 3-4　可选智能体的统一编码序号

对可选海上智能体集合空间内的所有智能体进行统一编码后，待选的海上智能体集合空间可表示为 $\boldsymbol{N}=\{n\,|\,n=1,2,\cdots,\sum_{i=1}^{n_I} n_J^i\}$，$n$ 表示待选智能体集合空间 $\boldsymbol{N}$ 中的第 n 个智能体。在此基础上，采用一个 $1\times n_D$ 的列向量表征 BPSO 算法的粒子位置 $\boldsymbol{X}$，$\boldsymbol{X}$ 的第 n 个元素表示智能体的编码序号 n，$\boldsymbol{X}$ 的第 n 个元素的取值为 1 或 0，表征该智能体纳入或不纳入编队，则 $\boldsymbol{X}$ 对应于一种编队编成方案 $\boldsymbol{B}$。

根据上述的粒子编码方式，假设粒子 s 的位置 $\boldsymbol{X}_s=(0,1,1,0,1)$，那么粒子 s 对应的编队编成方案就是：可选智能体集合空间内的第 2 个、第 3 个和第 5 个智能体纳入编队，第 1 个和第 4 个智能体不纳入编队。

2）粒子种群初始化

假设粒子种群的规模为 n_S，粒子的维度为 n_D，则基于混沌理论思想的粒子种群初始化过程为：首先，根据式（3-17）产生一个长度为 n_S 的混沌序列 $\boldsymbol{Y}=(y_1,\cdots y_s,\cdots y_{n_S})$；然后，按照十进制小数转换成二进制数的映射编码规则，将混沌序列 $\boldsymbol{Y}$ 的第 s 个分量 y_s 转换成一个长度为 n_D 的二进制编码，即为粒子 s 的位置 $\boldsymbol{X}_s$。

假设粒子的维度 $n_D=5$，则混沌序列 $\boldsymbol{Y}$ 的第 s 个分量 $y_s=0.8125$。0.8125 对应的二进制编码是 1101，由于该编码位数小于粒子的维度，因此对该二进制编码进行补位操作，得到 5 位的二进制编码 11010，粒子 s 的位置即为 $\boldsymbol{X}_s=(1,1,0,1,0)$。

3）粒子适应度函数的构建

根据上节构建的海上多智能体编队编成模型，DNBPSO 算法中粒子的适应度函数可表征为

$$fit(\boldsymbol{X})=\xi(\boldsymbol{B})=\frac{\omega_I\cdot\left(\dfrac{\sum_{p=1}^{n_P}(\alpha_p\cdot\sum_{(i,j)\in\boldsymbol{B}}\hat{I_{ijp}})}{\sigma(\alpha_p\cdot\sum_{(i,j)\in\boldsymbol{B}}\hat{I_{ijp}})}\right)+\omega_C\cdot\left(\sum_{(i_1,j_1),(i_2,j_2)\in\boldsymbol{B}}S_{i_1j_1,i_2j_2}\right)}{\sum_{(i,j)\in\boldsymbol{B}}(P_{ij}\cdot p_{ij})^{\wedge}} \tag{3-21}$$

式中，$fit(\boldsymbol{X})$ 表示粒子 $\boldsymbol{X}$ 的适应度值。粒子 $\boldsymbol{X}$ 的适应度值就是编队编成方案 $\boldsymbol{B}$ 的任务执行效能指数值。

4）粒子种群的更新

由于 DNBPSO 算法的粒子更新过程与粒子的多样性有关，因此在粒子的更新过程中，需要根据式（3-18）和式（3-19）计算粒子的多样性，在此基础上，根据式（3-11）和式（3-20）分别对粒子的速度和位置进行更新。

3.4.4 基于 DNBPSO 的海上多智能体编队编成算法实现

根据上节关于利用 DNBPSO 算法求解海上多智能体编队编成问题的描述和解算过程可知，基于 DNBPSO 的海上多智能体编队编成算法主要通过以下五个步骤实现，伪代码如表 3-1 所示。

步骤一：初始化粒子种群。在式（3-7）的约束条件下，在搜索空间内产生 n_S 个粒子，包括粒子的速度和位置，粒子 s 的速度 $\boldsymbol{V}_s^1=(v_{s1},v_{s2},\cdots,v_{sn},\cdots,v_{sn_D})$ 在 $[v_{\min},v_{\max}]$ 区间随机产生；粒子 s 的位置 $\boldsymbol{X}_s^1=(x_{s1},x_{s2},\cdots,x_{sn},\cdots,x_{sn_D})$ 由式（3-17）获得的混沌序列产生。在此基础上，根据式（3-21）计算粒子 s 的适应度值 $fit(\boldsymbol{X}_s^1)$，确定粒子 s 的局部最佳位置 $\boldsymbol{P}_s^1$ 和适应度值 $fit(\boldsymbol{P}_s^1)$ 及粒子种群的全局最佳位置 $\boldsymbol{P}_g^1$ 和适应度值 $fit(\boldsymbol{P}_g^1)$。

步骤二：根据式（3-18）和式（3-19）计算粒子 s 的多样性 div_s。

步骤三：更新粒子的速度和位置。在式（3-7）的约束条件下，根据式（3-11）更新粒子 s 的速度 $\boldsymbol{V}_s^{t+1}$；在此基础上，根据式（3-20）更新粒子 s 的位置 $\boldsymbol{X}_s^{t+1}$。

表 3-1 基于 DNBPSO 的海上多智能体编队编成算法伪代码

程序变量集合（s，n_S，t，t_{max}，Y_s，r_s_{max}，***optglobal_Parswarm***）
输入变量：s—粒子序列号； n_S—粒子种群规模；
t—当前的迭代次数； t_{max}—最大迭达次数；
Y_s—粒子 s 是可行解； r_s_{max}—粒子 s 不是可行解，重新更新的最大次数；
输出变量：***optglobal_Parswarm***—粒子种群的全局最佳粒子；
1： for $t = 1{:}t_{max}$
2： if $t = 1$
3： ***Parswarm***(:，1)←在式（3-7）的约束条件下，基于混沌理论思想实现粒子种群的初始化；
4： ***optglobal_Parswarm***←根据 ***Parswarm***(:，1)，获得当前粒子种群的全局最佳粒子 ***optglobal_Parswarm***；
5： else
6： for $s = 1 : n_S$
7： for $r\_s = 0 : r\_s_{max}-1$
8： $\boldsymbol{V}_s^{t+1}$←在式（3-7）的约束条件下，根据式（3-11）更新粒子 s 的速度 $\boldsymbol{V}_s^{t+1}$；
9： $\boldsymbol{X}_s^{t+1}$←根据式（3-20）更新粒子 s 的位置；
10： if $Y\_s = 1$←粒子 s 是可行解；
11： ***Parswarm***(s,t+1)←更新粒子 s；
12： break；
13： end if
14： end for
15： ***Parswarm***(s,t+1)=***Parswarm***(s,t)←粒子 s 不更新，保持不变；
16： end for
17： ***optglobal_Parswarm***←根据 ***Parswarm***(:，t+1)，更新粒子种群的全局最佳粒子 ***optglobal_Parswarm***；
18： end if
19： end for

步骤四：根据式（3-21）更新粒子 s 的适应度值 $fit(\boldsymbol{X}_s^{t+1})$，自身的局部最佳位置 $\boldsymbol{P}_s^{t+1}$ 和适应度值 $fit(\boldsymbol{P}_s^{t+1})$ 及粒子种群的全局最佳位置 $\boldsymbol{P}_g^{t+1}$ 和适应度值 $fit(\boldsymbol{P}_g^{t+1})$。

步骤五：判断算法是否满足终止条件，若不满足，则返回步骤四；否则，迭代终止，输出粒子种群的全局最佳粒子。

3.5 仿真实验与分析

3.5.1 实验环境与条件假设

在 AMD Athlon 处理器、CPU 主频为 3.1GHz、内存为 4G 的实验平台上利用 Matlab 软件以南海无人岛礁防卫为任务背景，通过与基于 BPSO 的海上多智能体编队编成算法和文献[135]提出的基于 NBPSO 的海上多智能体编队编成算法进行对比，对本章介绍的基于 DNBPSO 的海上多智能体编队编成算法的性能进行仿真验证。实验环境与假设条件如下。

（1）假设敌方编队出现时，指控中心通过自身的侦察系统能够获取精确完备的敌方编队信息，在此基础上，能够获得敌方编队对我方各种型号智能体的威胁度及敌方编队的任务执行能力；

（2）我方可选的海上多智能体型号、数量、固有成本及敌方编队对我方可选型号智能体的威胁概率见表 3-2；

表 3-2 可选型号智能体信息

型 号	第 i 种型号智能体的数量	待选智能体的统一编码 n	第 i 种型号智能体的固有成本	敌方编队对第 i 种型号智能体的威胁概率
I 型 UAV	2	1, 2	280	0.89
II 型 UAV	1	3,	230	0.92
III 型 UAV	2	4, 5	220	0.88
I 型 USV	3	6, 7, 8	228	0.91
II 型 USV	2	9, 10	245	0.78
III 型 USV	3	11, 12, 13	215	0.90
IV 型 USV	2	14, 15	232	0.86

（3）智能体个体任务执行能力的属性指标包括对空作战能力、对海作战能

力、对潜作战能力和对岸作战能力四个度量指标，可选型号智能体的个体任务执行能力属性指标值见表 3-3；

表 3-3　可选型号智能体的个体任务执行能力属性指标值

型　号	对空作战能力	对海作战能力	对潜作战能力	对岸作战能力
I 型 UAV	42.70	36.78	22.10	25.20
II 型 UAV	32.85	28.85	16.00	11.08
III 型 UAV	30.82	24.78	20.35	28.64
I 型 USV	25.43	42.46	15.28	26.76
II 型 USV	16.00	32.70	37.70	9.68
III 型 USV	0.00	43.23	40.23	38.13
IV 型 USV	39.82	35.00	34.85	12.77

（4）智能体间的协同任务执行能力属性指标包括隐蔽性指数、机动协调指数、指挥控制协同指数和火力协同指数四个度量指标，可选型号智能体的协同任务执行能力属性指标值见表 3-4；

（5）编队编成方案中必须同时包含 UAV 和 USV；

（6）BPSO 算法、NBPSO 算法和 DNBPSO 算法的粒子种群规模都为 20，最大迭代次数都为 200 次。

表 3-4　可选型号智能体的协同任务执行能力属性指标值

型　号	隐蔽性指数	机动协调指数	指挥控制协同指数	火力协同指数
I 型 UAV	16.29	9.95	8.15	4.84
II 型 UAV	18.11	5.85	10.41	8.92
III 型 UAV	20.16	19.20	16.75	28.16
I 型 USV	8.54	10.94	18.28	15.32
II 型 USV	13.25	16.58	14.37	22.46
III 型 USV	18.27	19.15	19.71	15.84
IV 型 USV	12.65	10.30	16.02	19.20

3.5.2 仿真实验与结果分析

根据上述实验假设条件，分别采用基于 BPSO 的海上多智能体编队编成算法、基于 NBPSO 的海上多智能体编队编成算法和本章介绍的基于 DNBPSO 的海上多智能体编队编成算法对上述编队编成问题进行解算，分别独立仿真运行 200 次，三种算法获得的最优编队编成方案 $\boldsymbol{B}^*$ 见表 3-5，其他相关仿真结果见表 3-6、表 3-7 和图 3-5。

表 3-5　最优编队编成方案 $\boldsymbol{B}^*$

型　　号	纳入 $\boldsymbol{B}^*$ 的第 i 种型号智能体的数量
I 型 UAV	1
III 型 UAV	2
II 型 USV	2

表 3-6 是三种算法取得最优解的结果对比表。利用平均相对偏差作为算法性能的评价指标。由表 3-6 可知，在 200 次的独立仿真实验中，三种算法均可以获得最优解，但基于 BPSO 的海上多智能体编队编成算法取得最优解的次数是 158 次，最优解适应度值的平均值为 49.62538，平均相对偏差为 0.0206；基于 NBPSO 的海上多智能体编队编成算法取得最优解的次数是 176 次，最优解适应度值的平均值为 49.98164，平均相对偏差为 0.0136；而基于 DNBPSO 的海上多智能体编队编成算法取得最优解的次数是 191 次，最优解适应度值的平均值为 50.19458，平均相对偏差为 0.0094，算法性能得到了提升。

表 3-6　三种算法取得最优解的结果对比表

算　　法	仿真次数	取得最优解的次数	理论最优解的适应度值	最优解适应度值的最大值	最优解适应度值的最小值	最优解适应度值的平均值	平均相对偏差
BPSO	200	158	50.66897	50.66897	29.63032	49.62538	0.0206
NBPSO	200	176	50.66897	50.66897	32.81591	49.98164	0.0136
DNBPSO	200	191	50.66897	50.66897	34.50387	50.19458	0.0094

注：平均相对偏差=（理论最优解-最优解的平均值）/理论最优解。

表 3-7 是三种算法的收敛速度对比表。由表 3-7 可知，基于 BPSO 的海上多智能体编队编成算法取得最优解的平均迭代次数是 35.12，算法的搜索效率是 17.56%；基于 NBPSO 的海上多智能体编队编成算法取得最优解的平均迭代次数是 33.98，算法的搜索效率是 16.99%；基于 DNBPSO 的海上多智能体编队编成算法取得最优解的平均迭代次数是 30.46，算法的搜索效率是 15.23%。收敛速度和搜索效率都得到了提升。

表 3-7　三种算法的收敛速度对比表

算　　法	迭代次数	取得最优解的平均迭代次数	搜索效率
BPSO	200	35.12	17.56%
NBPSO	200	33.98	16.99%
DNBPSO	200	30.46	15.23%

注：搜索效率=取得最优解的平均迭代次数/总迭代次数。

图 3-5 是三种算法分别运行 200 次，最优解适应度值的平均值随迭代次数变化的收敛曲线。由图 3-5 可知，基于 DNBPSO 的海上多智能体编队编成算法的收敛速度最快，基于 NBPSO 的海上多智能体编队编成算法的收敛速度次之，基于 BPSO 的海上多智能体编队编成算法的收敛速度最慢。

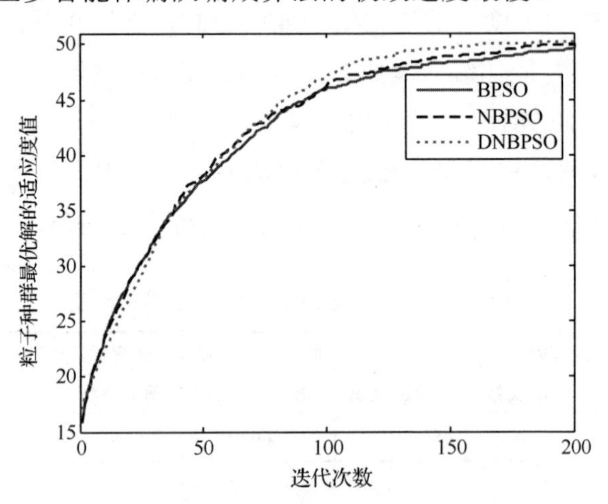

图 3-5　最优解适应度值的平均值变化曲线

由以上仿真结果分析可知，基于 DNBPSO 的海上多智能体编队编成算法能够根据粒子的多样性动态自适应调整粒子的更新过程，确定粒子位置更新的规则，平衡粒子的全局搜索能力和局部搜索能力，提高算法的收敛速度和全局寻优能力。

3.6 本章小结

本章以南海无人岛礁防卫为任务背景，研究并阐述海上多智能体的编队编成问题及 BPSO 算法在该问题中的应用。首先，介绍了多智能体编队编成的基本原则，在此基础上，结合南海无人岛礁防卫的任务需求，对海上多智能体编队编成问题进行详细描述；其次，介绍了一种海上多智能体编队编成算法，该算法综合考虑各智能体的个体任务执行能力、智能体间的协同任务执行能力、编队的构建成本及构建海上多智能体编队任务执行效能函数，实现对编队任务执行效能的表征，在此基础上构建编队编成模型；然后，介绍了一种改进的 BPSO 算法——DNBPSO 算法对构建的编队编成模型进行解算，该算法借鉴混沌理论思想实现粒子种群的初始化，提高初始粒子种群的质量；同时，利用粒子的多样性动态自适应调整粒子的更新过程，确定粒子位置更新的规则，提高算法的收敛速度和全局寻优能力；最后，通过与基于 BPSO 的海上多智能体编队编成算法和基于 NBPSO 的海上多智能体编队编成算法的仿真实验对比，验证了本章所介绍的基于 DNBPSO 的海上多智能体编队编成算法的有效性。

第4章

海上多智能体通信网络拓扑优化控制

4.1 引言

稳定、高效的网络拓扑结构是多智能体协同执行任务的前提和保障。受复杂海况气象条件及智能体快速移动等因素的影响，海上多智能体通信网络拓扑结构存在着易变、不稳定等特点，智能体间的通信质量无法得到保证。为了构建稳定、可靠的海上多智能体通信网络拓扑结构，确保多智能体间可以进行顺畅的信息交互，需要着重解决以下两个问题。

（1）**海上无线电波传播模型构建。**由于多智能体协同的任务场景为临近海面空间，多智能体通信网络的性能将受到海上无线电波传播环境的影响。受地球曲率及风、海浪、海水电导率和介电常数不恒定等不确定因素的影响，使海上无线电波传播特征与陆地无线电波传播特征差异较大，不能将陆地无线电波传播模型直接移植到海上，需要考虑海上特殊的传播环境。

（2）**网络拓扑优化模型的构建与解算。**网络拓扑优化的目的是优化网络性能，可以将网络拓扑优化控制问题看作一个组合优化问题，并利用优化算法对该问题进行解算。构建合适的网络拓扑优化控制模型是利用组合优化算法对网络拓扑优化控制问题进行解算的关键。网络拓扑优化控制模型的准确度直接决定网络拓扑优化的性能。而多智能体协同执行海上任务的任务场景主要为临近海面空间，海上复杂多变的传播环境导致海上无线电波传播具有独特的特征，在构建海上多智能体通信网络拓扑优化控制模型时必须考虑海上无线电波的传播特性。

围绕上述两个问题，本章将基于海上无线电波传播特性对海上多智能体通信网络拓扑优化控制问题进行研究。首先，基于无线电波的传播机理，结合海上无线电波的传播环境，构建海上无线电波传播模型；其次，基于海上无线电波的传播特性构建海上多智能体通信网络拓扑优化控制模型，在此基础上，分析利用离散粒子群优化（Discrete Particle Swarm Optimization，DPSO）算法解算网络拓扑优化控制问题的可行性，并介绍一种改进的 DPSO 算法对构建的网络拓扑优化控制模型进行解算；最后，通过仿真验证本章所介绍的海上多智能体通信网络拓扑优化控制算法的有效性。

4.2 海上无线电波传播模型

常用的无线电波传播预测模型的研究方法主要分为两种：一种是通过多次、反复现场测试获得测试区域无线电波传播特性实测数据，在此基础上对实测数据进行统计和分析，完成该区域无线电波传播模型的构建；另一种是在无线电波传播机理的理论模型基础上，具体分析无线电波传播环境存在的多种影响因素，考虑主要因素，忽略次要因素，完成无线电波传播模型的构建。本书在构建南海临近海面空间无线电波传播模型的过程中，将上述两种方法相结合，通过实测数据分析测试区域的环境影响因素，对已有的海上无线电波传播模型进行改造。

4.2.1 海上无线电波传播环境

在无线通信系统设计中，电波传播预测模型的设计是重中之重。它直接决定通信系统的性能。无线电波的基本传播机制主要分为直射、反射、绕射和散射。这些传播机制与无线电波的传播环境密切相关。独特的海上无线电波传播环境使海上无线电波与陆地无线电波传播存在明显差异，主要表现在：

① 当电磁波遇到比波长大得多的物体时会发生反射，导致反射损耗。反射损耗的大小由反射系数决定。反射系数与分界面介质的电气特性、入射角和频率等有关，而海水的电气特征参数（电导率为 5.000S/m，相对介电常数为 81）和地面电气特性参数（电导率为 0.005S/m，相对介电常数为 15）明显不同，因此反射损耗明显不同。

② 当无线电波遇到小于波长的物体且单位面积内阻挡体的个数非常巨大时将会发生散射，导致散射损耗。散射产生于粗糙表面、小物体或其他不规则物体。不同于陆地无线电波的传播，无线电波在海上传播发生散射的原因是海洋表面海浪随风速的变化而起伏，海面越粗糙，现象就越严重。此外，由于海面上空大气分布不均匀，海水表面蒸发水汽多，对流层散射也会对海上无线电波传播产生一定的影响，因此散射损耗也不同。

③ 当接收机和发射机之间的无线路径被尖锐的边缘阻挡时将会发生绕射，导致绕射损耗。绕射包括光滑表面绕射、顶点绕射和尖劈绕射。不同于陆地无线电波传播，海面传播环境开阔，没有陆地上建筑物、车辆等障碍物，无线电波可以传播到很远的海面上，顶点绕射和尖劈绕射对无线电波传播的影响很小。主要考虑光滑表面绕射，此时，地球不能再看作平面，而应看作球面，即地球曲率会对无线电波的传播产生影响。因此绕射损耗也不同。

由以上分析可知，与陆地无线电波的传播路径相同，海上无线电波的传播路径也是包括直射径、反射径、散射径等各种传播路径的随机组合。但各种传播路径产生的机理不同，对无线电波传播特征的影响也不同。当收发端在可视距离内时，接收信号主要是直射径和反射径的组合；当收发端在可视距离以外时，还需要额外考虑由地球球面遮挡而造成的绕射损耗[136]。

4.2.2 海上无线电波传播损耗预测模型

由 4.2.1 节的分析可知，海上无线电波的传播路径是包括直射径、反射径、散射径等各种传播路径的随机组合。构建海上无线电波传播模型时，地球曲率的影响不可忽略，它不仅会对反射系数产生影响，还会产生光滑表面绕射。当收发端在可视距离外时，还需要考虑由地球曲率影响而造成的绕射损耗。海上无线电波的传播路径如图 4-1 所示。

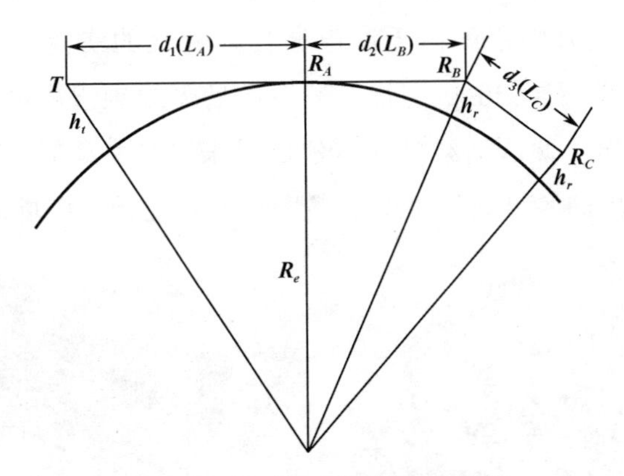

图 4-1 海上无线电波的传播路径

海上无线电波的传播损耗根据传播距离分为三段：① A 段：从发射端 T 到发射端可视距离点 R_A，距离为 d_1；② B 段：从发射端可视距离点 R_A 到发射端和接收端合并的可视距离点 R_B，距离为 d_2；③ C 段：超过发射端和接收端合并的可视距离点 R_B 范围的地球阴影区域，距离为 d_3。其传播损耗模型见式（4-1）。

$$\begin{cases} L_A = 32.44 + 20\lg f + 10\gamma\lg d, & d \leqslant d_1 \\ L_B = L_A + 6 \times \dfrac{d - d_1}{d_2}, & d_1 < d \leqslant d_1 + d_2 \\ L_C = L_A + Diff_C, & d > d_1 + d_2 \end{cases} \tag{4-1}$$

式中，L_A、L_B、L_C 分别表示 A 段、B 段、C 段的传播损耗，单位为 dB；f 表示频率，单位为 MHz；d 表示传播距离，单位为 km；γ 表示路径损耗因子，一般取值范围为 2～5；$Diff_C$ 表示修正的绕射传播损耗，见式（4-2）。

$$Diff_C = 20\lg(0.5\exp(v(0.45 - 0.62v))) \tag{4-2}$$

其中

$$\begin{aligned} v &= -R_e\left(1 - \frac{\sin(\alpha+\beta)}{(\sin\alpha + \sin\beta)}\right) \times \sqrt{\frac{2d}{\lambda(d_1+d_2)[d-(d_1+d_2)]}} \\ \alpha &= \frac{d_1+d_2}{R_e} \\ \beta &= \frac{d-(d_1+d_2)}{R_e} \end{aligned} \tag{4-3}$$

式中，R_e 表示地球等效半径，单位为 km；α、β 表示对应修正地球模型的夹角，单位为 rad；λ 表示波长，单位为 km。

为获取南海临近海面空间内无线电波传播特性的实测数据，作者所在团队于 2014 年 10 月 10 日至 20 日进行了环海南岛无线频谱测量和海上无线电波传播特性数据收集工作。此次活动是我国建国以来对海南岛周边海区开展的第一次频谱测量工作，收集的数据具有重要的参考价值。现场工作场景如图 4-2 所示。

（a）测量团队

（b）工作场景

图 4-2　测量路线及现场工作场景

利用自由空间传播损耗预测模型、Okumura-Hata 传播损耗预测模型和海上无线电波传播损耗预测模型与实测数据进行匹配如图 4-3 所示。

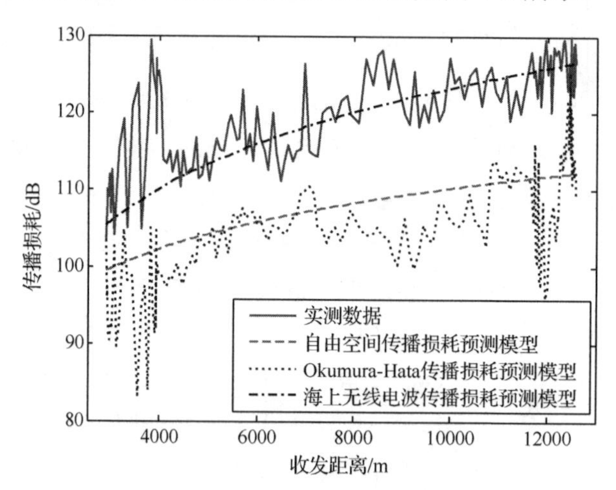

图 4-3　海上无线电波传播损耗

由图 4-3 可知，海上无线电波传播损耗预测模型与实测数据最为吻合，自由空间传播损耗预测模型和 Okumura-Hata 传播损耗预测模型与实测数据相差较大，海上无线电波传播特性与陆地无线电波传播特征区别较大。海上无线电波的传播特性将直接影响多智能体通信网络的性能。因此，本书在构建海上多

智能体通信网络拓扑优化控制模型的过程中，充分考虑了海上无线电波的传播特性。

4.3 网络拓扑优化控制模型

由于多智能体协同执行海上任务的任务场景为临近海面空间，为了确保构建的网络拓扑优化控制模型与任务场景的适配性，提高网络拓扑优化控制模型的准确度，在海上无线电波传播特性的基础上，综合考虑链路通信质量、网络连接收益和网络连接成本构建海上多智能体通信网络拓扑优化控制模型，在网络连通度约束下实现海上多智能体通信网络连接增益（网络连接收益与网络连接成本的比值）的最大化，即构建的海上多智能体通信网络拓扑优化模型可表示为

$$\begin{aligned}&\max\ \frac{f(P)}{f(C)}\\&\text{s.t.}\quad K \geqslant K_{\min}\end{aligned} \tag{4-4}$$

其中

$$\begin{aligned}f(P)&=\frac{P-P_{\min}}{P_{\max}-P_{\min}}\\f(C)&=\frac{C_{\max}-C_{\min}}{C_{\max}-C}\end{aligned} \tag{4-5}$$

式中，$f(P)$表示网络连接收益函数；$f(C)$表示网络连接成本函数；$f(P)/f(C)$表示网络连接增益；K表示网络连通度；$K_{\min}$表示网络连通度约束，即要求构建的海上多智能体通信网络的连通度不小于$K_{\min}$；P表示网络连接收益，受链路通信质量$\boldsymbol{Q_e}$的约束；$P_{\max}$、$P_{\min}$分别表示网络连接收益的最大值和最小值；C表示网络连接成本，$C_{\max}$、$C_{\min}$分别表示网络连接成本的最大值和最小值。

4.3.1 链路通信质量模型

常用的链路通信质量评价指标有收包率、链路质量指示及接收信号强度指示等。其中，收包率是最能明确反映链路通信质量的指标，但收包率不能实时

获得，而链路的路径损耗与收包率之间是一一对应的，能够较好地反映收包率的变化[137]。因此，选用路径损耗作为链路通信质量的评价指标。

根据海上无线电波传播损耗预测模型，可以获得海上智能体间无线链路的路径损耗L_{ij}，在此基础上，可获得无线链路的通信质量Q_e_{ij}，见式（4-6）。

$$Q\_e_{ij}=\frac{L_{\max}-L_{ij}}{L_{\max}-L_{\min}},\quad \forall(i,j)\in \boldsymbol{N}\times\boldsymbol{N} \tag{4-6}$$

式中，$\boldsymbol{N}=\{1,2,\cdots,n_N\}$表示海上智能体集合；$\boldsymbol{E}=\{e_{ij}\,|\,i,j\in\boldsymbol{N}\}$表示海上智能体间的链路集合；$L_{ij}$表示链路$e_{ij}$的路径损耗，由式（4-1）获得；$L_{\max}$、$L_{\min}$分别表示网络中链路路径损耗的最大值、最小值。

4.3.2 网络连接收益模型

智能体间的链路连接收益大小与链路的重要度相关，链路的重要度越大，该链路连接的价值就越高，连接收益也就越大。因此，网络连接收益模型可表征为

$$P=\sum_{i=1}^{n_N}\sum_{j=1,j\neq i}^{n_N}x\_e_{ij}\cdot I\_e_{ij} \tag{4-7}$$

式中，n_N表示海上智能体的数量；P表示网络连接收益；x_e_{ij}表示链路e_{ij}是否连接，如果连接，则$x_e_{ij}=1$，否则$x_e_{ij}=0$；I_e_{ij}表示链路e_{ij}的重要度，受链路通信质量Q_e_{ij}的约束，见式（4-8）。

$$I\_e_{ij}=\begin{cases}\dfrac{I_i\cdot I_j}{I_i+I_j}, & Q\_e_{ij}\geqslant Q\_e_{th}\\ 0, & Q\_e_{ij}<Q\_e_{th}\end{cases} \tag{4-8}$$

式中，Q_e_{ij}表示链路e_{ij}的通信质量，由式（4-6）获得；Q_e_{th}表示链路通信质量门限；I_i，I_j分别表示智能体i和智能体j的节点重要度，与节点度和节点效率相关，见式（4-9）。

$$I_i=\eta_1 D_i+\eta_2 E_i \tag{4-9}$$

式中，η_1，η_2表示加权系数，$\eta_1+\eta_2=1$；D_i表示智能体i的节点度，是指与智能体i直接相连的智能体数目；E_i表示智能体i的节点效率，是指智能体i与其他智能体间路径长度倒数的平均值，表征该节点到其他节点的平均难易程度，节点效率越高，该节点向其他节点传输信息就越容易、传输时延就越小，传输

速率就越高，表达式见式（4-10）。

$$E_i = \frac{1}{n_N - 1}\sum_{j=1, j\neq i}^{n_N}\frac{1}{p_{ij}} \tag{4-10}$$

式中，p_{ij}表示智能体i和智能体j间的路径长度，定义为连接智能体i和智能体j间的最短路径的权值之和，见式（4-11）。

$$p_{ij}=\min\sum_{e_{pq}\in\boldsymbol{\theta}_{\mathbf{i,j}}}\varphi_{pq} \tag{4-11}$$

式中，$\boldsymbol{\theta}_{i,j}$表示连接智能体$i$和智能体$j$的路径集合；$e_{pq}$表示连接智能体$i$和智能体$j$的某条路径的组成边；$\varphi_{pq}$表示边$e_{pq}$的权值，与链路通信质量$Q_e_{pq}$有关，见式（4-12）。

$$\varphi_{pq}=\begin{cases}\varepsilon\cdot Q\_e_{pq}, & Q\_e_{pq}\geqslant Q\_e_{th}\\ \infty, & Q\_e_{pq}<Q\_e_{th}\end{cases} \tag{4-12}$$

式中，ε表示加权系数；Q_e_{th}表示链路通信质量门限。

4.3.3 网络连接成本模型

海上智能体间的链路连接成本不仅与链路的路径长度有关，还与链路的类型有关。链路的类型包括必需边和冗余边两种，且必需边的连接成本小于冗余边的连接成本。因此，网络连接成本模型可表征为

$$C=\sum_{i=1}^{n_N}\sum_{j=1,j\neq i}^{n_N}x\_e_{ij}\cdot C_{ij} \tag{4-13}$$

式中，C表示网络连接成本；C_{ij}表示链路e_{ij}的连接成本，见式（4-14）。

$$C_{ij}=\begin{cases}\delta_1\cdot C_0\cdot\varphi_{ij}, & \varphi_{ij}<p_{ij}\\ \delta_2\cdot C_0\cdot\varphi_{ij}, & \varphi_{ij}\geqslant p_{ij}\\ 0, & \varphi_{ij}=\infty\end{cases} \tag{4-14}$$

式中，C_0表示连接单位长度无线链路所需要的连接成本；φ_{ij}，p_{ij}分别表示链路e_{ij}的权值和路径长度；δ_1，δ_2表示链路连接成本的加权系数，且$\delta_1<\delta_2$。

4.4 基于 DPSO 的海上多智能体通信网络拓扑优化控制算法

4.4.1 基于 DPSO 的海上多智能体通信网络拓扑优化控制算法描述

海上多智能体通信网络的拓扑优化控制是一种典型的离散组合优化问题，可以利用 DPSO 算法对该问题进行解算。目前，DPSO 算法有两种：一种是基于连续空间的 DPSO 算法；一种是基于离散空间的 DPSO 算法。基于连续空间的 DPSO 算法对离散组合优化问题进行解算时，需要进行映射编码或取整操作，可能无法获得全局最优解。因此，本书选用基于离散空间的 DPSO 算法对构建的拓扑优化控制模型进行解算。

通过对基本 PSO 算法的更新公式进行重新定义，获得基于离散空间的 DPSO 算法的速度和位置更新公式。其更新公式为

$$\boldsymbol{V}_s^{t+1}=\omega\otimes\boldsymbol{V}_s^t\oplus\omega_1\otimes(\boldsymbol{P}_s^t\ominus\boldsymbol{X}_s^t)\oplus\omega_2\otimes(\boldsymbol{P}_g^t\ominus\boldsymbol{X}_s^t) \tag{4-15}$$

$$\boldsymbol{X}_s^{t+1}=\boldsymbol{X}_s^t\boxplus\boldsymbol{V}_s^{t+1} \tag{4-16}$$

式中，$\boldsymbol{V}_s^t$，$\boldsymbol{X}_s^t$ 分别表示第 t 次迭代中粒子 s 的速度和位置；$\boldsymbol{P}_s^t$ 表示粒子 s 的局部最佳位置，即 $\boldsymbol{P}_s^t=\text{optimal}\{\boldsymbol{X}_s^1,\boldsymbol{X}_s^2,\cdots,\boldsymbol{X}_s^t\}$；$\boldsymbol{P}_g^t$ 表示粒子种群 $\boldsymbol{S}=\{1,2,\cdots,n_S\}$（种群规模为 n_S）的全局最佳位置，即 $\boldsymbol{P}_g^t=\text{optimal}\{\boldsymbol{P}_1^t\cdots,\boldsymbol{P}_s^t,\cdots,\boldsymbol{P}_{n_S}^t\}$；$\omega$，$\omega_1$，$\omega_2$ 分别表示惯性权重，认知权重和社会权重。

根据多智能体通信网络拓扑优化控制的实际特点，对运用 DPSO 算法解算该问题的粒子编码方式、更新方式及其相关运算操作进行如下说明。

- 位置编码：$\boldsymbol{X}=\{x\_e_{ij}\mid i,j\in\boldsymbol{N}\}$，即网络的邻接矩阵。
- 速度编码：$\boldsymbol{V}=\{e_{i'j'}\Rightarrow e_{ij}\mid i,j,i',j'\in\boldsymbol{N}\}$。其中，$\Rightarrow$ 表示替换操作，$e_{i'j'}\Rightarrow e_{ij}$ 表示用链路 e_{ij} 替换链路 $e_{i'j'}$，即将 x_e_{ij} 赋为 1，$x\_e_{i'j'}$ 赋为 0。所以，$\boldsymbol{V}$ 是由若干个替换序列所组成的集合，且 $|\boldsymbol{V}|\leqslant V_{\max}$，$|\boldsymbol{V}|$ 表示速度集合的元素个数，$V_{\max}$ 表示粒子速度的最大范围，即粒子速度集合元素个数的最

大值。

- 实数与速度的乘法操作（$a\otimes V$）：表示从V中随机选取$\lfloor a\times \text{length}(V)\rfloor$个元素所组成的集合。
- 速度与速度的加法操作（$V_1\oplus V_2$）：集合的并集操作，表示两个速度集合合并为一个速度集合。
- 位置与位置的减法操作（$X_1\ominus X_2$）：表示粒子位置的变化量，即速度，所以$X_1\ominus X_2$也是由若干个替换序列所组成的集合。
- 位置与速度的加法操作（$X\boxplus V$）：表示一种在替换操作（$\Rightarrow$）基础上进行的加法操作，其结果为一个新的位置。

下面举例说明运用 DPSO 算法解算网络拓扑优化问题时粒子的更新方式。

假设智能体的数量为 6 艘，第t次迭代中粒子s的特性参数见式（4-17）。

$$V_{\max}=5,\ \omega=0.72,\ \omega_1=0.375,\ \omega_2=0.26,\ \mathbf{V}_s^t=\{e_{12}\Rightarrow e_{23},e_{15}\Rightarrow e_{24},e_{35}\Rightarrow e_{45},e_{46}\Rightarrow e_{56}\},$$
$$\boldsymbol{X}_s^t=\begin{bmatrix}0&1&0&0&0&1\\1&0&1&0&1&1\\0&1&0&1&0&1\\0&0&1&0&1&0\\0&1&0&1&0&1\\1&1&1&0&1&0\end{bmatrix},\quad \boldsymbol{P}_s^t=\begin{bmatrix}0&1&0&0&1&1\\1&0&0&0&1&1\\0&0&0&1&0&1\\0&0&1&0&1&0\\1&1&0&1&0&1\\1&1&1&0&1&0\end{bmatrix},\quad \boldsymbol{P}_g^t=\begin{bmatrix}0&0&1&0&0&1\\0&0&1&1&1&1\\1&1&0&0&0&1\\0&1&0&0&1&1\\0&1&0&1&0&0\\1&1&1&1&0&0\end{bmatrix}\tag{4-17}$$

根据式（4-17）中粒子s的位置$\boldsymbol{X}_s^t$可知，粒子s代表的网络拓扑结构为$\{e_{12},e_{16},e_{23},e_{25},e_{26},e_{34},e_{36},e_{45},e_{56}\}$，对应的网络拓扑结构如图 4-4 所示。

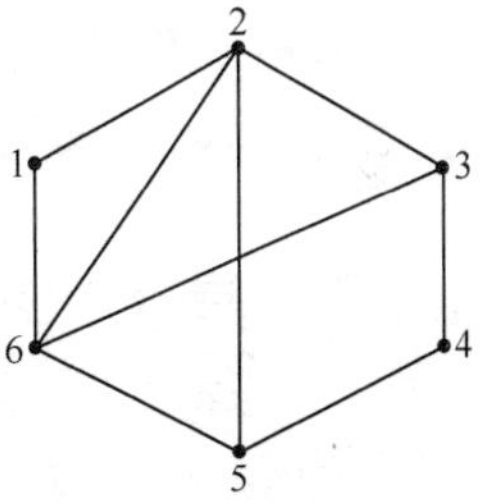

图 4-4 $\boldsymbol{X}_s^t$对应的网络拓扑结构

同理可知，$\boldsymbol{P}_s^t$代表的网络拓扑结构为$\{e_{12},e_{15},e_{16},e_{25},e_{26},e_{34},e_{36},e_{45},e_{56}\}$，$\boldsymbol{P}_g^t$代表的网络拓扑结构为$\{e_{13},e_{16},e_{23},e_{24},e_{25},e_{26},e_{36},e_{45},e_{46}\}$。

根据式（4-17），在第t次迭代中，粒子s的特性参数利用式（4-15）对粒子的速度进行更新。

首先，计算速度更新的惯性部分。由实数与速度的乘法操作定义可知，从$\boldsymbol{V}_s^t$中随机选取的元素个数为$\lfloor 0.72\times \text{length}(\boldsymbol{V}_s^t)\rfloor=\lfloor 0.72\times 4\rfloor=\lfloor 2.88\rfloor=2$，假设随机选取$e_{12}\Rightarrow e_{23}$和$e_{35}\Rightarrow e_{45}$，则$\omega\otimes \boldsymbol{V}_s^t=\{e_{12}\Rightarrow e_{23},e_{35}\Rightarrow e_{45}\}$。

然后，计算速度更新的认知部分。由位置与位置的减法操作定义，可知$\boldsymbol{P}_s^t\ominus \boldsymbol{X}_s^t=\{[\,]\Rightarrow e_{15},e_{23}\Rightarrow[\,]\}$，这里$[\,]\Rightarrow e_{15}$表示增加边$e_{15}$，$e_{23}\Rightarrow[\,]$表示删除边

e_{23}。从 $\boldsymbol{P}_s^t \ominus \boldsymbol{X}_s^t$ 中选取的元素个数为 $\lfloor 0.375\times \text{length}(\boldsymbol{P}_s^t \ominus \boldsymbol{X}_s^t) \rfloor = \lfloor 0.375\times 2 \rfloor = \lfloor 0.75 \rfloor = 0$，故 $\omega_1 \otimes (\boldsymbol{P}_s^t \ominus \boldsymbol{X}_s^t) = \{\}$。

同理，$\boldsymbol{P}_g^t \ominus \boldsymbol{X}_s^t = \{e_{12} \Rightarrow e_{13}, [\,] \Rightarrow e_{24}, e_{34} \Rightarrow [\,], e_{56} \Rightarrow e_{46}\}$，从 $\boldsymbol{P}_g^t \ominus \boldsymbol{X}_s^t$ 中选取的元素个数为 $\lfloor 0.26\times \text{length}(\boldsymbol{P}_g^t \ominus \boldsymbol{X}_s^t) \rfloor = \lfloor 0.26\times 4 \rfloor = \lfloor 1.04 \rfloor = 1$，假设随机选取 $e_{56} \Rightarrow e_{46}$，则 $\omega_2 \otimes (\boldsymbol{P}_g^t \ominus \boldsymbol{X}_s^t) = \{e_{56} \Rightarrow e_{46}\}$。

最后，根据速度与速度的加法操作定义，可得

$$\begin{aligned}\boldsymbol{V}_s^{t+1} &= \{e_{12} \Rightarrow e_{23}, e_{35} \Rightarrow e_{45}\} \oplus \{\} \oplus \{e_{56} \Rightarrow e_{46}\} \\ &= \{e_{12} \Rightarrow e_{23}, e_{35} \Rightarrow e_{45}, e_{56} \Rightarrow e_{46}\}\end{aligned} \tag{4-18}$$

由于 $\left|\boldsymbol{V}_s^{t+1}\right| = 3 < V_{\max} = 5$，所以第 $t+1$ 次迭代中粒子 s 的速度更新为

$$\boldsymbol{V}_s^{t+1} = \{e_{12} \Rightarrow e_{23}, e_{35} \Rightarrow e_{45}, e_{56} \Rightarrow e_{46}\} \tag{4-19}$$

在此基础上，根据式（4-16）可知，第 $t+1$ 次迭代中粒子 s 的位置更新为

$$\boldsymbol{X}_s^{t+1} = \begin{bmatrix} 0 & 1 & 0 & 0 & 0 & 1 \\ 1 & 0 & 1 & 0 & 1 & 1 \\ 0 & 1 & 0 & 1 & 0 & 1 \\ 0 & 0 & 1 & 0 & 1 & 0 \\ 0 & 1 & 0 & 1 & 0 & 1 \\ 1 & 1 & 1 & 0 & 1 & 0 \end{bmatrix} \boxplus \{e_{12} \Rightarrow e_{23}, e_{35} \Rightarrow e_{45}, e_{56} \Rightarrow e_{46}\} = \begin{bmatrix} 0 & 0 & 0 & 0 & 0 & 1 \\ 0 & 0 & 1 & 0 & 1 & 1 \\ 0 & 1 & 0 & 1 & 0 & 1 \\ 0 & 0 & 1 & 0 & 1 & 1 \\ 0 & 1 & 0 & 1 & 0 & 0 \\ 1 & 1 & 1 & 1 & 0 & 0 \end{bmatrix} \tag{4-20}$$

注意，由于 $\boldsymbol{X}_s^t$ 中不存在 e_{35}，因此不需要执行 $e_{35} \Rightarrow e_{45}$ 操作，只须执行 $e_{12} \Rightarrow e_{23}$ 和 $e_{56} \Rightarrow e_{46}$ 操作。

4.4.2 基于 DPSO 的海上多智能体通信网络拓扑优化控制算法实现

根据 4.4.1 小节的描述可知，基于 DPSO 的海上多智能体网络拓扑优化控制算法主要通过以下六个步骤实现，伪代码见表 4-1。

步骤一：智能体 i 根据自身与智能体 j 间的相对距离，利用式（4-1）计算链路的路径损耗 L_{ij}，根据式（4-6）计算链路的通信质量 Q_e_{ij}，根据式（4-12）计算链路的权值 φ_{ij}。

步骤二：根据链路通信质量门限 Q_e_{th} 过滤网络拓扑，将链路通信质量小于 Q_e_{th} 的链路删除，获得网络拓扑连接的链路备选集合 $\boldsymbol{C\_e}$。

步骤三：初始化粒子种群在网络连通度 $K_{\min}$ 和链路备选集合 $\boldsymbol{C\_e}$ 的约束

下，按照粒子编码方式随机产生 n_S 个粒子的位置 $\boldsymbol{X}_s^1$ 和速度 $\boldsymbol{V}_s^1$；在此基础上，根据式（4-4）计算各粒子的适应度值 $fit(\boldsymbol{X}_s^1)$（网络连接增益值），进而确定各粒子自身的局部最佳位置 $\boldsymbol{P}_s^1$ 和适应度值 $fit(\boldsymbol{P}_s^1)$ 及粒子种群的全局最佳位置 $\boldsymbol{P}_g^1$ 和适应度值 $fit(\boldsymbol{P}_g^1)$。

步骤四： 更新粒子的速度和位置，在网络连通度 $K_{\min}$ 和链路备选集合 $\boldsymbol{C\_e}$ 的约束下，根据式（4-15）更新各粒子的速度 $\boldsymbol{V}_s^{t+1}$，并判断 $\boldsymbol{V}_s^{t+1}$ 的元素个数 $\left|\boldsymbol{V}_s^{t+1}\right|$ 是否超过速度最大范围 $V_{\max}$，若超过，则从 $\boldsymbol{V}_s^{t+1}$ 随机选取 $V_{\max}$ 个元素，重新更新 $\boldsymbol{V}_s^{t+1}$。在此基础上，根据式（4-16）更新各粒子的位置 $\boldsymbol{X}_s^{t+1}$。

步骤五： 根据式（4-4）更新各粒子的适应度值 $fit(\boldsymbol{X}_s^{t+1})$，自身的局部最佳位置 $\boldsymbol{P}_s^{t+1}$ 和适应度值 $fit(\boldsymbol{P}_s^{t+1})$ 及粒子种群的全局最佳位置 $\boldsymbol{P}_g^{t+1}$ 和适应度值 $fit(\boldsymbol{P}_g^{t+1})$。

步骤六： 判断算法是否满足终止条件，若不满足，则返回步骤四；否则，迭代终止，输出粒子种群的全局最佳粒子。

表 4-1　基于 DPSO 的海上多智能体通信网络拓扑优化控制算法伪代码

程序变量集合(s, n_S, t, $t_{\max}$, Y_s, r_s, $r\_s_{\max}$, $V_{\max}$, ***optglobal_Parswarm***)	
输入变量：s——粒子序列号；	n_S——粒子种群规模；
T——当前的迭代次数；	$t_{\max}$——最大迭达次数；
Y_s——粒子 s 是可行解；	r_s——粒子 s 不是可行解的次数；
$r\_s_{\max}$——粒子 s 不是可行解，重新更新的最大次数；	
$V_{\max}$——粒子速度更新的最大范围，即粒子速度集合元素个数的最大值。	
输出变量：***optglobal_Parswarm***——粒子种群的全局最佳粒子；	
1： for $t = 1 : t_{\max}$	
2： if $t = 1$	
3： ***Parswarm***(:, 1)←在网络连通度和链路备选集合约束下，实现粒子种群的初始化；	
4： ***optglobal_Parswarm***← 根 据 ***Parswarm***(:, 1)，获 得 当 前 粒 子 种 群 的 全 局 最 佳 粒 子 ***optglobal_Parswarm***；	
5： else	
6： for $s = 1 : n_S$	
7： for $r\_s = 0 : r\_s_{\max}$-1	
8： $\boldsymbol{V}_s^{t+1}$ ←在网络连通度、链路备选集合约束下，根据式（4-15）更新粒子 s 的速度 $\boldsymbol{V}_s^{t+1}$；	
9： if $\left\|\boldsymbol{V}_s^{t+1}\right\| > V_{\max}$	

续表

10:	V_s^{t+1} ←从 V_s^{t+1} 随机选取 V_{max} 个元素，重新更新 V_s^{t+1}；
11:	end if
12:	X_s^{t+1} ←更新粒子 s 的位置；
13:	if $Y\_s=1$←粒子 s 是可行解；
14:	***Parswarm***$(s, t+1)$←更新粒子 s；
15:	break；
16:	end if
17:	end for
18:	***Parswarm***$(s, t+1)$=***Parswarm***(s, t)←粒子 s 不更新，保持不变；
19:	end for
20 :	***optglobal_Parswarm***← 根 据 ***Parswarm***(:, t+1)， 更 新 粒 子 种 群 的 全 局 最 佳 粒 子 ***optglobal_Parswarm***；
21:	end if
22:	end for

4.5 基于 EM-DPSO 的海上多智能体通信网络拓扑优化控制算法

4.5.1 基于 EM-DPSO 的海上多智能体通信网络拓扑优化控制算法描述

由 4.4 节的描述可知，DPSO 算法可以对海上多智能体通信网络的拓扑优化控制问题进行解算。在 DPSO 算法中，粒子更新的权重对算法性能的好坏有着本质的决定作用。因此，学者们对粒子更新的静态权重进行改进，提出动态或自适应权重，从而提高算法的性能[138]。然而，这些改进大都依赖于算法迭代次数，而与粒子自身进化的状态没有关系。基于此，本书介绍一种基于类电磁机制的改进 DPSO 算法——EM-DPSO 算法。该算法将可行域中的每个粒子都看成一个带电粒子，并利用粒子的电荷量动态自适应更新权重，提高算法的收敛速度和自适应能力；同时，借鉴带电粒子间的吸引—排斥机制，当种群的多样性

小于阈值时，在迭代过程中引入排斥策略，克服算法的早熟收敛问题，提高算法的全局搜索能力。

电磁场中带电粒子的电荷量越大，该粒子对其他粒子的吸引力就越强。在 EM-DPSO 算法中，利用粒子的适应度值表征粒子的电荷量大小，适应度值越大，粒子的吸引力就越强，粒子自身及其他粒子从该粒子继承信息的继承度就越高。因此，定义第t次迭代中粒子s速度更新的自适应权重公式为

$$\begin{cases} \omega_s^t = q_s^t \\ \omega_{1s}^t = q_s^t \times q_{P_s}^t \\ \omega_{2s}^t = q_s^t \times q_{P_g}^t \end{cases} \tag{4-21}$$

式中，ω_s^t，ω_{1s}^t，ω_{2s}^t分别表示第t次迭代中粒子s的惯性权重、认知权重和社会权重；q_s^t，$q_{P_s}^t$，$q_{P_g}^t$分别表示第t次迭代中粒子s的电荷量、粒子s局部最佳粒子P_s的电荷量和粒子种群全局最佳粒子P_g的电荷量，见式（4-22）。

$$q_s^t = \exp\left(-n_D \frac{fit(\boldsymbol{P}_g^t) - fit(\boldsymbol{X}_s^t)}{\sum_{s=1}^{n_S}(fit(\boldsymbol{P}_g^t) - fit(\boldsymbol{X}_s^t))} \right), \quad s = 1, 2, \cdots n_S \tag{4-22}$$

式中，n_D表示粒子s的维度；$fit(\boldsymbol{X}_s^t)$表示第t次迭代中粒子s的适应度值，即网络连接增益值；$fit(\boldsymbol{P}_g^t)$表示粒子种群全局最佳粒子的适应度值。

为避免算法在迭代过程中陷入局部最优，在算法的迭代寻优过程中，当种群多样性小于给定的阈值div_{th}时，利用当代粒子种群中适应度值最小的粒子作为扰动粒子，利用排斥力引导粒子向未搜索的区域移动，克服算法的早熟收敛问题，提高算法的全局搜索能力。

本书采用文献[139]中关于粒子种群多样性的定义，表达式见式（4-23）。

$$div = \frac{1}{n_S}\sum_{s=1}^{n_S} div_s \tag{4-23}$$

式中，div表示粒子种群的多样性值；div_s表示粒子s的个体多样性，是指粒子s、粒子s自身局部最佳粒子P_s及粒子种群全局最佳粒子P_g位置之间的相异程度，见式（4-24）。

$$div_s = 1 - \frac{1}{3}(simi_{s,P_s} + simi_{s,P_g} + simi_{P_s,P_g}) \tag{4-24}$$

式中，$simi_{s_1,s_2}$表示粒子s_1与粒子s_2之间的相异程度，由式（4-25）获得。

$$simi_{s_1,s_2}=\frac{1}{n_D}\sum_{r=1}^{n_D}dif(\boldsymbol{x}_{s_1,r}==\boldsymbol{x}_{s_2,r}) \tag{4-25}$$

其中

$$dif(x)=\begin{cases}1, & x=1\\ 0, & x=0\end{cases} \tag{4-26}$$

式中，==表示一种逻辑运算，如果$\boldsymbol{x}_{s_1,r}$和$\boldsymbol{x}_{s_2,r}$完全相同，即$\boldsymbol{x}_{s_1,r}==\boldsymbol{x}_{s_2,r}$为真，取值为1；否则，$\boldsymbol{x}_{s_1,r}==\boldsymbol{x}_{s_2,r}$为假，取值为0。

根据上述描述，基于EM-DPSO的海上多智能体通信网络拓扑优化控制算法的粒子速度更新公式可表示为

$$\boldsymbol{V}_s^{t+1}=\begin{cases}q_s^t\otimes\boldsymbol{V}_s^t\oplus(q_s^t\times q_{P_s}^t)\otimes(\boldsymbol{P}_s^t\ominus\boldsymbol{X}_s^t)\oplus\\(q_s^t\times q_{P_g}^t)\otimes(\boldsymbol{P}_g^t\ominus\boldsymbol{X}_s^t), & div\geqslant div_{th}\\ \\ q_s^t\otimes\boldsymbol{V}_s^t\oplus(q_s^t\times q_{P_s}^t)\otimes(\boldsymbol{P}_s^t\ominus\boldsymbol{X}_s^t)\oplus\\(q_s^t\times q_{P_g}^t)\otimes(\boldsymbol{P}_g^t\ominus\boldsymbol{X}_s^t)\oplus(2\times q_s^t\times q_{P_w}^t)\otimes(\boldsymbol{X}_{P_w}^t\ominus\boldsymbol{X}_s^t), & div<div_{th}\end{cases} \tag{4-27}$$

式中，P_w表示第t次迭代中粒子种群中适应度值最小的粒子；$\boldsymbol{X}_{P_w}^t$，$q_{P_w}^t$分别表示第t次迭代中粒子P_w的位置和电荷量。

4.5.2 基于EM-DPSO的海上多智能体通信网络拓扑优化控制算法实现

根据4.5.1小节关于利用EM-DPSO算法求解海上多智能体通信网络拓扑优化控制问题的描述可知，基于EM-DPSO的海上多智能体通信网络的拓扑优化控制主要通过以下八个步骤实现，伪代码见表4-2。

步骤一：智能体i根据自身与智能体j间的相对距离，利用式（4-1）计算链路的路径损耗L_{ij}，根据式（4-6）计算链路的通信质量Q_e_{ij}，根据式（4-12）计算链路的权值φ_{ij}。

步骤二：根据链路通信质量门限Q_e_{th}过滤网络拓扑，将链路通信质量小于Q_e_{th}的链路删除，获得网络拓扑连接的链路备选集合$\boldsymbol{C_e}$。

步骤三：初始化粒子种群，在网络连通度$K_{\min}$和链路备选集合$\boldsymbol{C_e}$的约束下，按照粒子编码方式随机产生n_S个粒子的位置$\boldsymbol{X}_s^1$和速度$\boldsymbol{V}_s^1$；在此基础上，根据式（4-4）计算各粒子的适应度值$fit(\boldsymbol{X}_s^1)$（网络连接增益值），进而确定各

粒子自身的局部最佳位置 $\boldsymbol{P}_s^1$ 和适应度值 $fit(\boldsymbol{P}_s^1)$ 及粒子种群的全局最佳位置 $\boldsymbol{P}_g^1$ 和适应度值 $fit(\boldsymbol{P}_g^1)$。

步骤四：根据式（4-23）～（4-25）计算粒子种群的多样性值 div。

步骤五：根据式（4-22）计算各个粒子的电荷量 q_s^t，在此基础上，根据式（4-21）计算各个粒子速度更新的惯性权重 ω_s^t、认知权重 ω_{1s}^t 和社会权重 ω_{2s}^t。

步骤六：在网络连通度 $K_{\min}$、链路备选集合 $\boldsymbol{C\_e}$ 和种群多样性值 div 的约束下，根据式（4-27）更新各粒子的速度 $\boldsymbol{V}_s^{t+1}$，并判断 $\boldsymbol{V}_s^{t+1}$ 的元素个数 $\left|\boldsymbol{V}_s^{t+1}\right|$ 是否超过速度最大范围 $V_{\max}$，若超过，则从 $\boldsymbol{V}_s^{t+1}$ 随机选取 $V_{\max}$ 个元素，重新更新 $\boldsymbol{V}_s^{t+1}$。在此基础上，根据式（4-16）更新各个粒子的位置 $\boldsymbol{X}_s^{t+1}$。

步骤七：根据式（4-4）更新各个粒子的适应度值 $fit(\boldsymbol{X}_s^{t+1})$、自身的局部最佳位置 $\boldsymbol{P}_s^{t+1}$、适应度值 $fit(\boldsymbol{P}_s^{t+1})$ 及粒子种群的全局最佳位置 $\boldsymbol{P}_g^{t+1}$ 和适应度值 $fit(\boldsymbol{P}_g^{t+1})$。

步骤八：判断算法是否满足终止条件，若不满足，则返回步骤四；否则，迭代终止，输出粒子种群的全局最佳粒子。

表 4-2　基于 EM-DPSO 的海上多智能体通信网络拓扑优化控制算法伪代码

程序变量集合（$s, n_S, t, t_{\max}, Y\_s, r\_s, r\_s_{\max}, V_{\max}$, ***optglobal_Parswarm***）
输入变量：s——粒子序列号；　　n_S——粒子种群规模；
t——当前的迭代次数；　　$t_{\max}$——最大迭达次数；
Y_s——粒子 s 是可行解；　　r_s——粒子 s 不是可行解的次数；
$r\_s_{\max}$——粒子 s 不是可行解，重新更新的最大次数；
$V_{\max}$——粒子速度更新的最大范围，即粒子速度集合元素个数的最大值；
输出变量：***optglobal_Parswarm***——粒子种群的全局最佳粒子；
1:　for　$t = 1 : t_{\max}$
2:　　if　$t = 1$
3:　　　***Parswarm***(:, 1) ←在网络连通度和链路备选集合约束下，实现粒子种群的初始化；
4:　　　　***optglobal_Parswarm***←根据 ***Parswarm***(:, 1)，获得当前粒子种群的全局最佳粒子 ***optglobal_Parswarm***；
5:　　else
6:　　　div←根据式（4-23）～（4-25）计算粒子种群多样性值；
7:　　　for　$s = 1 : n_S$
8:　　　　for　$r\_s = 0 : r\_s_{\max}\text{-}1$

续表

9：　V_s^{t+1} ←在网络连通度、链路备选集合和种群多样性值的约束下，根据式（4-27）更新粒子 s 的速度 V_s^{t+1}；
10：　if　$\left|V_s^{t+1}\right| > V_{max}$
11：　V_s^{t+1} ←从 V_s^{t+1} 随机选取 V_{max} 个元素，重新更新 V_s^{t+1}；
12：　end if
13：　X_s^{t+1} ←更新粒子 s 的位置；
14：　if　$Y\_s = 1$ ←粒子 s 是可行解；
15：　***Parswarm***(*s*, *t*+1) ←更新粒子 s；
16：　break；
17：　end if
18：　end for
19：　***Parswarm***(*s*, *t*+1)=***Parswarm***(*s*, *t*)←粒子 s 不更新，保持不变；
20：　end for
21：　***optglobal_Parswarm***← 根据 ***Parswarm***(:, *t*+1)，更新粒子种群的全局最佳粒子 ***optglobal_Parswarm***；
22：　end if
23：end for

4.5.3 基于 EM-DPSO 的海上多智能体通信网络拓扑优化控制算法复杂度分析

定理 1： 假设粒子种群规模为 n_S，最大迭代次数为 t_{max}，粒子速度更新的最大范围为 V_{max}，粒子不是可行解，重新更新的最大次数为 r_s_{max}，智能体的数量为 n_N，则基于 EM-DPSO 的海上多智能体通信网络拓扑优化控制算法的时间复杂度约为 $O(n_S, n_N, t_{max}, V_{max}, r\_s_{max}) \approx O((n_S^2 + n_S V_{max} \times r\_s_{max} + n_S n_N^3 \times r\_s_{max}) \times t_{max})$。

下面对定理 1 进行推导证明。

证明： 根据上述基于 EM-DPSO 的海上多智能体通信网络拓扑优化控制的算法流程可知，算法的每次迭代主要包括四部分：① 计算粒子种群多样性值；② 计算粒子更新的权重；③ 更新粒子的速度、位置；④ 计算网络连接增益。

首先，计算粒子种群多样性的时间复杂度。粒子种群的多样性通过对粒子个体多样性进行平均操作获得，粒子个体多样性的时间复杂度约为 $O(3n_S n_N^2) \approx O(n_S n_N^2)$，对粒子个体多样性值进行平均操作的时间复杂度为 $O(n_S)$。因此，计算粒子种群多样性的时间复杂度约为$O(n_S n_N^2 + n_S) \approx O(n_S n_N^2)$。

其次，计算粒子更新权重的时间复杂度。粒子更新的权重利用粒子的电荷量动态自适应更新，计算粒子电荷量的时间复杂度为$O(n_S^2)$，在此基础上，计算粒子更新的惯性权重、认知权重和社会权重的时间复杂度均为$O(n_S)$。因此，计算粒子更新权重的时间复杂度约为$O(n_S^2 + 3n_S) \approx O(n_S^2)$。

然后，计算粒子速度、位置更新的时间复杂度。粒子速度更新的时间复杂度与种群多样性阈值和粒子不是可行解重新更新的次数相关，若种群多样性大于阈值，则粒子速度更新包括三部分——惯性部分、认知部分和社会部分；若种群多样性小于阈值，则粒子速度更新包括四部分——惯性部分、认知部分、社会部分和扰动部分。惯性部分的时间复杂度为$O(n_S V_{max})$，认知部分、社会部分和扰动部分的时间复杂度均为$O(n_S n_N^3)$，则粒子速度更新的时间复杂度约为$O((n_S V_{max} + 3n_S n_N^3) \times r_s_{max}) \approx O((n_S V_{max} + n_S n_N^3) \times r_s_{max})$；粒子位置的更新通过粒子位置与速度的加法操作获得，则粒子位置更新的时间复杂度为$O(n_S V_{max} \times r_s_{max})$；因此，更新粒子速度、位置的时间复杂度约为$O((n_S V_{max} + n_S n_N^3) \times r_s_{max} + n_S V_{max} \times r_s_{max}) \approx O((n_S V_{max} + n_S n_N^3) \times r_s_{max})$。

最后，计算网络连接增益的时间复杂度。网络连接增益与网络连接收益和网络连接成本相关，网络连接收益的时间复杂度约为$O(2n_S n_N^3) \approx O(n_S n_N^3)$，网路连接成本的时间复杂度为$O(n_S n_N^2)$，计算网络连接增益的时间复杂度约为$O(n_S n_N^3 + n_S n_N^2) \approx O(n_S n_N^3)$。

因此，本章所介绍的基于 EM-DPSO 海上多智能体通信网络拓扑优化控制算法的时间复杂度约为

$$
\begin{aligned}
& O(n_S, n_N, t_{max}, V_{max}, r\_s_{max}) \\
& = (O(n_S n_N^2) + O(n_S^2) + O((n_S V_{max} + n_S n_N^3) \times r\_s_{max}) + O(n_S V_{max} \times r\_s_{max}) + O(n_S n_N^3)) \times t_{max} \\
& \approx O((n_S^2 + n_S V_{max} \times r\_s_{max} + n_S n_N^3 \times r\_s_{max}) \times t_{max})
\end{aligned}
$$

即定理 1 得证。

定理 2：在定理 1 的假设条件下，与基于 DPSO 的海上多智能体通信网络拓扑优化控制算法相比，基于 EM-DPSO 海上多智能体通信网络拓扑优化控制算法的时间复杂度增加了$O(n_S^2 \times t_{max})$，算法的时间复杂度并未明显增加。

下面对定理 2 进行推导证明。

证明：由 4.4.2 小节可知，基于 DPSO 海上多智能体通信网络拓扑优化控制

算法的每次迭代主要包括两部分：① 更新粒子的速度、位置；② 计算网络连接增益。其中，更新粒子速度、位置的时间复杂度约为 $O((n_S V_{\max} + n_S n_N^3) \times r\_s_{\max})$，计算网络连接增益的时间复杂度约为 $O(n_S n_N^3)$。因此，基于 DPSO 海上多智能体通信网络拓扑优化控制算法的时间复杂度约为

$$
\begin{aligned}
&O(n_S, n_N, t_{\max}, V_{\max}, r\_s_{\max}) \\
&= (O((n_S V_{\max} + n_S n_N^3) \times r\_s_{\max}) + O(n_S n_N^3)) \times t_{\max} \\
&\approx O((n_S V_{\max} \times r\_s_{\max} + n_S n_N^3 \times r\_s_{\max}) \times t_{\max})
\end{aligned}
$$

由定理 1 可知，基于 EM-DPSO 海上多智能体通信网络拓扑优化控制算法的时间复杂度约为 $O((n_S^2 + n_S V_{\max} \times r\_s_{\max} + n_S n_N^3 \times r\_s_{\max}) \times t_{\max})$。因此，与基于 DPSO 的海上多智能体通信网络拓扑优化控制算法相比，基于 EM-DPSO 海上多智能体通信网络拓扑优化控制算法的时间复杂度增加了 $O(n_S^2 \times t_{\max})$，算法的时间复杂度并未明显增加。

定理 2 得证。

4.6 仿真实验与分析

4.6.1 实验环境与条件假设

在 AMD Athlon 处理器、CPU 主频为 3.1GHz、内存为 4G 的实验平台上利用 Matlab 软件，通过与基于 DPSO 海上多智能体通信网络拓扑优化控制算法、文献[140]提出的基于 DSPSO 海上多智能体通信网络拓扑优化控制算法进行对比，验证基于 EM-DPSO 海上多智能体通信网络拓扑优化控制算法的有效性。假设条件如下：

（1）海上智能体编队由 1 架 UAV 和 5 艘 USV 组成；

（2）网络连通度约束 $K_{\min}$ 为 2；

（3）1 架 UAV 的位置为(4.5, 7.0, 2.8)km，5 艘 USV 的位置分别为(0.0, 0.0, 0.0)km，(8.5, 8.0, 0.0)km，(2.0, 20.0, 0.0)km，(6.0, 17.0, 0.0)km，(2.5, 11.0, 0.0)km；

（4）DPSO 算法、DSPSO 算法和 EM-DPSO 算法的粒子种群规模都为 10，

最大迭代次数都为 100 次，粒子速度更新的最大范围都为 5，粒子不是可行解，重新更新的最大次数都为 10 次；

（5）DPSO 算法的惯性权重、认知权重、社会权重分别为 0.72、0.26 和 0.375。

4.6.2 仿真实验与结果分析

为了有效清晰地说明本章所介绍的基于 EM-DPSO 海上多智能体通信网络拓扑优化控制算法的有效性，首先采用 Matlab 软件，对上述的 1 架 UAV 和 5 艘 USV 组成的海上多智能体通信网络拓扑优化控制问题进行确定性解算，获得最优的网络拓扑结构及最大的网络连接增益值为 0.41288，如图 4-5 所示。在此基础上，分别采用基于 DPSO 的海上多智能体通信网络拓扑优化控制算法、基于 DSPSO 的海上多智能体通信网络拓扑优化控制算法和基于 EM-DPSO 的海上多智能体通信网络拓扑优化控制算法对上述问题进行解算，分别独立仿真运行 100 次，仿真相关结果见表 4-3、表 4-4、图 4-6 和图 4-7。

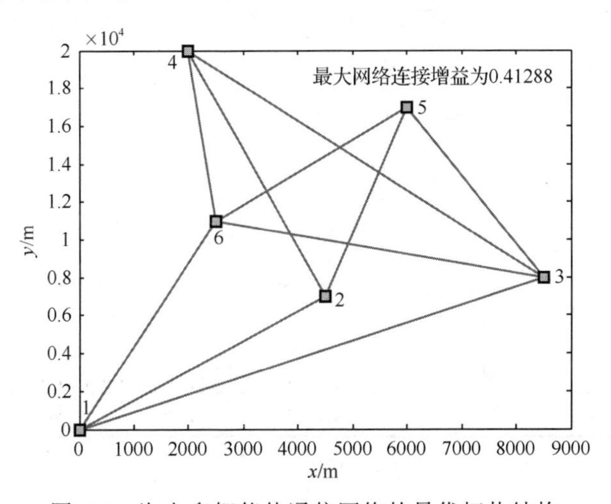

图 4-5 海上多智能体通信网络的最优拓扑结构

表 4-3 是三种算法取得最优解的结果对比表。利用平均相对偏差作为算法性能的评价指标。由表 4-3 可知，在 100 次的独立仿真实验中，三种算法均可以获得最优解，但基于 DPSO 的海上多智能体通信网络拓扑优化控制算法取得最优解的次数是 96 次，最优解适应度值的平均值为 0.41037，平均相对偏差为

6.079e-3；基于 DSPSO 的海上多智能体通信网络拓扑优化控制算法取得最优解的次数是 98 次，最优解适应度值的平均值为 0.41188，平均相对偏差为 2.422e-3；而基于 EM-DPSO 的海上多智能体通信网络拓扑优化控制算法取得最优解的次数是 100 次，最优解适应度值的平均值为 0.41288，平均相对偏差为 0.000e-3，算法性能得到了提升。

表 4-3　三种算法取得最优解的结果对比表

算法	仿真次数	取得最优解的次数	理论最优解的适应度值	最优解适应度值的最大值	最优解适应度值的最小值	最优解适应度值的平均值	平均相对偏差
DPSO	100	96	0.41288	0.41288	0.31567	0.41037	6.079e-3
DSPSO	100	98	0.41288	0.41288	0.36248	0.41188	2.422e-3
EM-DPSO	100	100	0.41288	0.41288	0.41288	0.41288	0.000e-3

注：平均相对偏差 =（理论最优解 – 最优解的平均值）/ 理论最优解。

表 4-4 是三种算法的收敛速度对比表。由表 4-4 可知，基于 DPSO 的海上多智能体通信网络拓扑优化控制算法取得最优解的平均迭代次数是 26.18，算法的搜索效率是 26.18%；基于 DSPSO 的海上多智能体通信网络拓扑优化控制算法取得最优解的平均迭代次数是 20.91，算法的搜索效率是 20.91%；基于 EM-DPSO 的海上多智能体通信网络拓扑优化控制算法取得最优解的平均迭代次数是 16.00，算法的搜索效率是 16.00%，其收敛速度和搜索效率得到了显著提升。

表 4-4　三种算法的收敛速度对比表

算法	迭代次数	取得最优解的平均迭代次数	搜索效率
DPSO	100	26.18	26.18%
DSPSO	100	20.91	20.91%
EM-DPSO	100	16.00	16.00%

注：搜索效率 = 取得最优解的平均迭代次数/总迭代次数。

图 4-6 是三种算法分别运行 100 次，最优解适应度值的平均值随迭代次数变化的收敛曲线。由图 4-6 可知，基于 EM-DPSO 的海上多智能体通信网络拓扑优化控制算法的收敛速度最快，基于 DSPSO 的海上多智能体通信网络拓扑优化控制算法的收敛速度次之，基于 DPSO 的海上多智能体通信网络拓扑优化控制算法的收敛速度最慢。

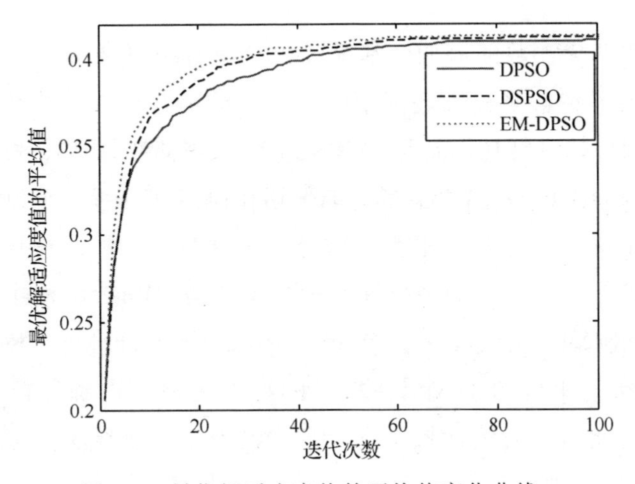

图 4-6 最优解适应度值的平均值变化曲线

图 4-7 是三种算法分别运行 100 次，粒子种群多样性的平均值随迭代次数变化的收敛曲线。由图 4-7 可知，基于 DPSO 的海上多智能体通信网络拓扑优化控制算法的粒子种群多样性最优，基于 DSPSO 的海上多智能体通信网络拓扑优化控制算法的粒子种群多样性次之，而基于 EM-DPSO 的海上多智能体通信网络拓扑优化控制算法的粒子种群多样性最差。这是由于基于 DPSO 的海上多智能体通信网络拓扑优化控制算法的收敛速度最慢，基于 DSPSO 的海上多智能体通信网络拓扑优化控制算法的收敛速度次之，基于 EM-DPSO 的海上多智能体通信网络拓扑优化控制算法的收敛速度最快。

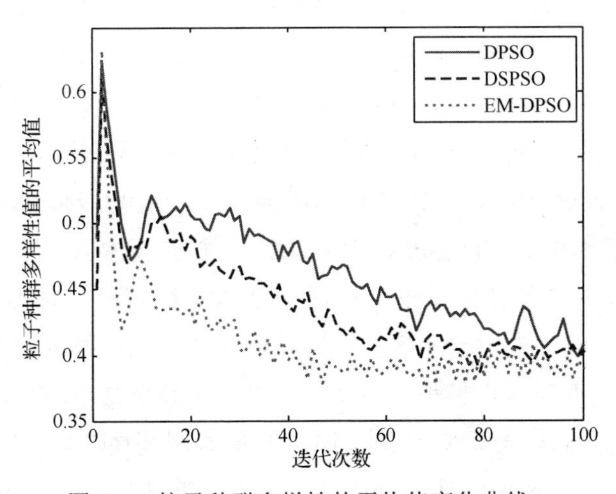

图 4-7 粒子种群多样性的平均值变化曲线

此外，随着迭代次数的增加，基于 DPSO 的海上多智能体通信网络拓扑优化控制算法的粒子种群多样性逐渐下降，这可能会导致在算法迭代寻优的后期无法保证粒子种群的多样性。基于 DSPSO 的海上多智能体通信网络拓扑优化控制算法和基于 EM-DPSO 的海上多智能体通信网络拓扑优化控制算法的粒子种群多样性都先下降，然后趋于平稳。这是由于这两种算法在迭代过程中都引入了适当的机制确保粒子种群的多样性。与基于 EM-DPSO 的海上多智能体通信网络拓扑优化控制算法相比，基于 DSPSO 的海上多智能体通信网络拓扑优化控制算法借助阶梯突变机制完成惯性权重的动态调整，以确保粒子种群的多样性。但该机制可能需要对惯性权重进行多次调整以克服算法的早熟收敛，从而导致算法复杂度的增加。

由以上仿真结果分析可知，基于 EM-DPSO 的海上多智能体通信网络拓扑优化控制算法具有以下特点：①能够根据粒子的电荷量动态自适应调整控制参数，提高算法的收敛速度和自适应能力；②能够克服算法的早熟收敛，在算法的迭代过程中，引入排斥机制引导粒子向未搜索区域移动，提高算法的全局搜索能力。

4.7 本章小结

本章详细阐述了 DPSO 算法在海上智能体网络拓扑优化控制中的应用。首先，根据海上独特的电磁传播环境，分析了海上无线电波的传播特性，给出了海上无线电波传播损耗预测模型，在此基础上实现了海上无线链路通信质量、网络连接收益和网络连接成本的表征，完成了海上多智能体通信网络拓扑优化模型的构建；其次，对利用 DPSO 算法对海上多智能体通信网络拓扑优化控制模型的解算过程进行了详细介绍。在此基础上，介绍了一种改进的 DPSO 算法——EM-DPSO 算法对海上多智能体通信网络拓扑优化控制模型进行解算，在 EM-DPSO 算法的迭代寻优过程中，通过模拟电磁场中带电粒子间的相互作用，动态自适应调整控制参数，吸引粒子向最优搜索区域快速移动，加快模型的收敛速度，提高算法的搜索效率；同时，引入排斥机制，引导粒子向未搜索区域移动，克服算法的早熟收敛，改善算法的全局收敛性能，确保获得全局最优

解；最后，通过与基于 DPSO 的海上多智能体通信网络拓扑优化控制算法、基于 DSPSO 的海上多智能体通信网络拓扑优化控制算法的仿真实验对比，验证了本章所介绍的基于 EM-DPSO 的海上多智能体通信网络拓扑优化控制算法的有效性。

第5章

海上多智能体协同打击时敏目标集中式任务规划

5.1 引言

时间敏感型目标简称时敏目标（Time-Sensitive Target，TST），是指必须在有限的时间窗口或交战机会内完成发现、定位、识别和打击目标[141]的任务。按照目标的机动性可分为两类：一类是移动时敏目标，如机动的导弹发射系统、导弹发射车、潜艇等；一类是固定时敏目标，如间歇开启的雷达站、正在竖起的导弹发射架等。

时敏目标持续时间窗口的不确定性是时敏目标与其他类型目标的最主要区别，也加大了多智能体协同打击时敏目标的难度。针对时敏目标任务规划问题，文献[71]将时敏目标时间窗口作为约束条件，提出了一种基于耦合约束的捆绑一致性算法（Coupled-constraint Consensus-Based Bundle Algorithm，CCBBA），实现了多智能体对多个时敏目标的分配；文献[142]利用 Agent 建模语言（Agent Modeling Language，AML）构建多智能体编队先验信息传递模型，并在此基础上提出了一种时敏目标协同打击算法，降低了编队决策时间，提高了打击效率；文献[143]在突发时敏目标和时敏目标时间窗口的约束下，利用 MTSP 模型对多智能体协同任务分配问题进行建模，并在此基础上实现了时敏任务规划。然而，上述文献提出的时敏任务规划方法主要以固定时间窗口为约束

条件，当时敏目标时间窗口发生变化时，缺乏对这种变化情况的动态响应能力，在一定程度上会影响多智能体编队执行时敏任务的效果。

基于此，本章将对集中式控制方式下的海上多智能体协同打击时敏目标问题进行研究。首先，根据时敏目标的特点，对海上多智能体协同打击时敏目标的问题进行描述；其次，针对时敏目标时间窗口的动态变化，介绍一种基于时敏目标时间窗口的集中式动态任务分配算法，实现时敏任务的动态分配；然后，对模型预测控制（Model Predictive Control，MPC）算法解决路径规划问题的原理进行描述，并利用 MPC 算法实现打击路径的在线规划；最后，通过仿真验证本章所介绍的协同打击时敏目标集中式任务规划算法的有效性。

5.2 协同打击时敏目标问题描述

假定海上多智能体采用 Leader-Follower 编队结构协同打击时敏目标，智能体简称为 UxV。UxV 编队通过一定的策略选取 Leader，Leader_UxV 承担决策任务，Follower_UxV 承担打击任务。Leader_UxV 将根据时敏目标的状态和 Follower_UxV 的执行能力完成编队任务分配，在此基础上，Follower_UxV 将依照任务内容完成打击路径规划，实现对时敏目标的打击。海上多智能体编队协同打击时敏任务动态分配示意图如图 5-1 所示。

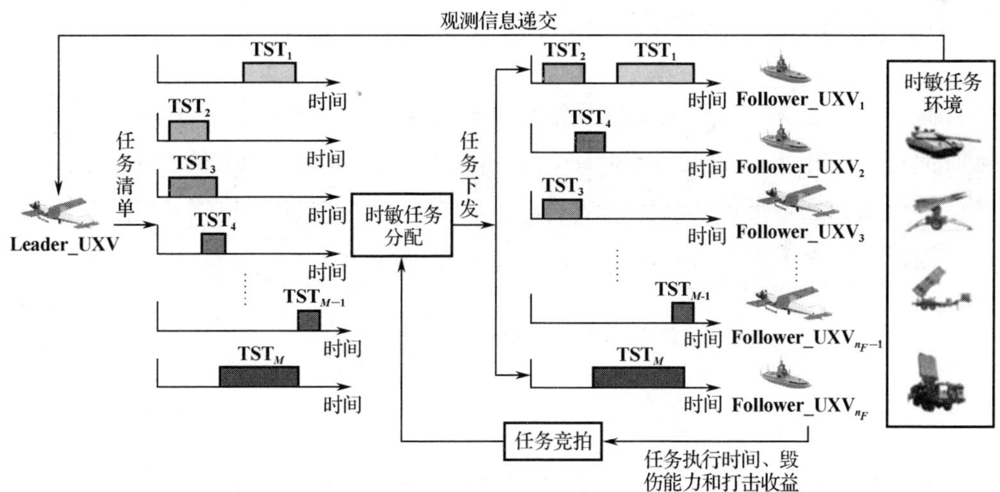

图 5-1 海上多智能体编队协同打击时敏任务动态分配示意图

根据图 5-1 所示，海上多智能体编队协同打击时敏目标过程如下：

① 假设时敏目标出现时，Leader_UxV 能够通过自身搭载的传感器获得时敏目标的状态信息（包括时敏目标的位置信息、出现时刻和时间窗口信息）产生当前的任务清单。

② Leader_UxV 将当前的任务清单和时敏目标状态信息下发，由于时敏目标时间窗口有限，Follower_UxV 需要根据时敏目标的状态信息在线估计打击时敏目标的任务执行时间，从而动态选择巡航速度，确保在时敏目标出现时刻按时到达打击点完成打击任务。Follower_UxV 打击时敏目标的任务执行时间主要包含两部分：路径规划时间（Follower_UxV 从当前位置到打击点的巡航时间）和打击时间（Follower_UxV 发射导弹命中时敏目标的时间）。

③ Follower_UxV 根据自身的任务执行能力对当前任务清单中的任务进行竞拍，并将任务执行代价发送给 Leader_UAV，Leader_UxV 完成时敏目标分配并下发。

④ Follower_UxV 执行时敏目标打击任务，并利用 MPC 算法完成打击路径的在线规划。

5.3 协同打击时敏目标集中式任务规划算法

5.3.1 集中式任务分配

海上多智能体协同打击时敏目标集中式任务分配是指 Leader_UxV 在时敏目标时间窗口约束下，通过最小化编队任务执行代价获得无冲突的任务分配。无冲突的任务分配是指每个任务最多只能由一个 Follower_UxV 执行。

因此，海上多智能体协同打击时敏目标集中式任务分配问题可表征为

$$\begin{aligned}
&\min \sum_{(i,j)\in \boldsymbol{N}_F \times \boldsymbol{T}} c_e_{ij} \\
&= \min \sum_{(i,j)\in \boldsymbol{N}_F \times \boldsymbol{T}} c_c_{iL} \times c_s_{ij} \\
&= \min \sum_{i=1}^{n_F} \sum_{j=1}^{n_T} c_c_{iL} \times c_s_{ij} \times x_{ij} \\
&\text{s.t.} \begin{cases} c_e_{ij} \text{ s.t. } dur_j \\ \sum_{i=1}^{n_F} x_{ij} \leqslant 1 \\ x_{ij} \in \{0,1\} \end{cases}
\end{aligned} \tag{5-1}$$

式中，$\boldsymbol{N}=\{\boldsymbol{N}_L,\boldsymbol{N}_F\}$表示海上多智能体集合，$\boldsymbol{N}_L$表示 Leader_UxV 集合，$\boldsymbol{N}_F=\{1,2,\cdots,n_F\}$表示 Follower_UxV 集合；$\boldsymbol{T}=\{1,2,\cdots,n_T\}$表示时敏目标集合；$x_{ij}$表示 Follower_UxV$_i$ 是否执行对 TST$_j$ 的打击，如果执行，则$x_{ij}=1$，否则$x_{ij}=0$；dur_j表示 TST$_j$ 的时间窗口；c_e_{ij}表示 Follower_UxV$_i$ 打击 TST$_j$ 的任务执行代价，包括两部分：一部分是 Follower_UxV$_i$ 竞拍 TST$_j$ 打击任务的通信代价c_c_{iL}；一部分是 Follower_UxV$_i$ 打击 TST$_j$ 的任务打击代价c_s_{ij}，受dur_j的约束。

Follower_UxV$_i$ 竞拍 TST$_j$ 打击任务的通信代价c_c_{iL}与 Follower_UxV$_i$ 和 Leader_UxV 之间传输路径的链路质量有关。Follower_UxV$_i$ 与 Leader_UxV 之间传输路径的链路质量越好，Follower_UxV$_i$ 将任务打击代价顺利发送给 Lead_UxV 的可靠度就越高，Follower_UxV$_i$ 竞拍 TST$_j$ 打击任务的通信代价就越小。因此，Follower_UxV$_i$ 竞拍 TST$_j$ 打击任务的通信代价c_c_{iL}可表征为

$$c\_c_{iL} = \delta \cdot Q\_e_{iL} \tag{5-2}$$

式中，Q_e_{iL}表示 Follower_UxV$_i$ 与 Leader_UxV 之间传输路径的链路质量，与第 3 章中所介绍的无线链路的链路质量相同，可由式（5-6）计算获得；δ表示加权系数。

为了增强对时敏目标时间窗口变化的动态响应能力，实现编队任务执行效能的最大化，本书在时敏目标时间窗口约束下，综合考虑 Follower_UxV 对时敏目标的毁伤能力、打击收益、任务执行时间、相对距离及时敏目标对 Follower_UxV 的威胁能力构建任务打击代价。Follower_UxV$_i$ 打击 TST$_j$ 的任务打击代价c_s_{ij}的具体表达式见式（5-3）。

$$c\_s_{ij}=\begin{cases}\dfrac{\max Dam_{ij}}{Dam_{ij}}+\dfrac{\max VLR_{ij}}{VLR_{ij}}+\dfrac{\max t_{ij}}{t_{ij}}+\dfrac{\max d_{ij}}{d_{ij}}+\dfrac{P\_t_{ij}}{\max P\_t_{ij}}, & \text{Follower\_UxV}_i\text{提前到达打击点或在TST}_j\text{时间窗口内到达打击点} \\ \infty, & \text{其他}\end{cases} \tag{5-3}$$

式中，$\max \boldsymbol{y}_{ij}$ 表示相关变量 $\boldsymbol{y}=\{y_{ij}\}$ 的最大值；t_{ij} 表示 Follower_UxV$_i$ 打击 TST$_j$ 的任务执行时间；d_{ij} 表示 Follower_UxV$_i$ 与 TST$_j$ 之间的相对距离；Dam_{ij} 表示 Follower_UxV$_i$ 对 TST$_j$ 的毁伤能力；VLR_{ij} 表示 Follower_UxV$_i$ 打击 TST$_j$ 的收益与 Follower_UxV$_i$ 的武器数量，Follower_UxV$_i$ 到达 TST$_j$ 打击点的时刻以及 Follower_UxV$_i$ 对 TST$_j$ 的毁伤能力，其表达式见式（5-4）；P_t_{ij} 表示 TST$_j$ 对 Follower_UxV$_i$ 的威胁能力，与 Follower_UxV$_i$ 与 TST$_j$ 之间的相对距离和相对方位有关，相对距离和相对方位越近，TST$_j$ 对 Follower_UxV$_i$ 的威胁能力越大，其表达式见式（5-6）。

$$VLR_{ij}(k)=(1-\eta_{ij})\cdot Dam_{ij}(k)\cdot\exp\left(\frac{Load_i(k)}{Load_i(k-1)}\right) \tag{5-4}$$

式中，k 表示当前的采样时刻；$Load_i$ 表示 Follower_UxV$_i$ 的武器数量；η_{ij} 表示惩罚因子，与 Follower_UxV$_i$ 到达 TST$_j$ 打击点的时刻有关，Follower_UxV$_i$ 到达打击点时刻与 TST$_j$ 出现时刻的相对偏差越小，惩罚因子越小，表达式见式（5-5）。

$$\eta_{ij}=\begin{cases}\dfrac{|\Delta T_{ij}|}{dur_j}, & \text{Follower\_UxV}_i\text{在TST}_j\text{时间窗口内到达打击点} \\ 0, & \text{Follower\_UxV}_i\text{滞后到达打击点} \\ \dfrac{|\Delta T_{ij}|}{|\Delta T_{ij}|+dur_j}, & \text{Follower\_UxV}_i\text{提前到达打击点}\end{cases} \tag{5-5}$$

式中，ΔT_{ij} 表示 Follower_UxV$_i$ 到达 TST$_j$ 打击点时刻与 TST$_j$ 出现时刻的相对偏差；dur_j 表示 TST$_j$ 的时间窗口。

$$P\_t_{ij}(k)=P\_d\_t_{ij}(k)+P\_\alpha\_t_{ij}(k) \tag{5-6}$$

其中

$$P\_d\_t_{ij}(k)=\begin{cases}\dfrac{R_j-d_{ij}(k)}{R_j}, & d_{ij}(k)\leqslant R_j\\ 0, & d_{ij}(k)>R_j\end{cases}$$

$$P\_\alpha\_t_{ij}(k)=\begin{cases}\exp\left(-50\times\dfrac{|\alpha_{ij}(k)|}{\pi/2}\right), & \alpha_{ij}(k)\leqslant\dfrac{\pi}{2}\\ 0, & \alpha_{ij}(k)>\dfrac{\pi}{2}\end{cases} \tag{5-7}$$

式中，$P\_d\_t_{ij}$ 表示 Follower_UxV$_i$ 与 TST$_j$ 之间的相对距离威胁；$P\_a\_t_{ij}$ 表示 Follower_UxV$_i$ 与 TST$_j$ 之间的相对方位威胁；R_j 表示 TST$_j$ 的有效攻击距离；α_{ij} 表示 Follower_UxV$_i$ 与 TST$_j$ 之间的相对方位，即 Follower_UxV$_i$ 当前航向与假设 Follower_UxV$_i$ 直飞 TST$_j$ 航向之间的夹角。

Leader_UxV 根据获取的时敏目标状态信息产生当前的任务清单并下发，编队内各架 Follower_UxV 接收当前的任务清单并对任务清单中的各任务进行竞拍。由于 Follower_UxV 的位置、巡航速度、当前航向等状态信息会随着当前任务的执行而发生变化，且随着当前任务的执行，Follower_UxV 的任务执行能力也会下降。而 Follower_UxV 打击时敏目标的任务打击代价与 Follower_UxV 的状态和实际任务执行能力有关。为了有效表征 Follower_UxV 打击时敏目标的任务打击代价，在 Follower_UxV 的任务竞拍过程中引入虚拟智能体的概念实现 Follower_UxV 对多个任务的有效竞拍。虚拟智能体的定义如下。

定义 1：假设 Follower_UxV 的属性指标集合为 $\{\boldsymbol{S}_s,\boldsymbol{A}_s\}$。其中，$\boldsymbol{S}_s$ 表示 Follower_UxV 的状态信息集合；$\boldsymbol{A}_s$ 表示 Follower_UxV 的任务执行能力集合。Follower_UxV 执行当前任务所消耗的任务执行能力集合为 $\boldsymbol{A}_c$，执行完当前任务的状态信息集合变为 $\boldsymbol{S}_l$，则该 Follower_UxV 虚拟智能体的属性指标集合为 $\{\boldsymbol{S}_l,\boldsymbol{A}_s-\boldsymbol{A}_c\}$，即虚拟智能体并不是真实存在的，仅仅是对 Follower_UxV 执行完当前任务后的状态信息和剩余任务执行能力的表征和继承。

下面以 Follower_UxV 竞拍任务列表中的 2 个打击任务为例，解释说明虚拟智能体的概念和 Follower_UxV 的任务竞拍过程。任务列表中的 2 个打击任务的相关信息见表 5-1。

表 5-1　任务列表中 2 个打击任务的相关信息

任务序列	任务优先级	执行任务的打击点位置
1	2	(500, 4200) m
2	1	(7500, 2400) m

由表 5-1 可知，第 2 个打击任务的任务优先级高，因此，Follower_UxV 先对第 2 个打击任务进行竞拍，然后对第 1 个打击任务进行竞拍。假设 Follower_UxV 当前位置为(−1000, −2500)m，任务执行能力为 120，执行第 2 个打击任务所消耗的任务执行能力为 25，则完成第 2 个打击任务后，Follower_UxV 的任务执行能力变为 95，位置也变为(7500, 2400)m。根据上述对虚拟智能体的定义可知，虚拟智能体是对执行完第 2 个打击任务后 Follower_UxV 的表征，即引入的虚拟智能体的当前位置为(7500, 2400)m，任务执行能力为 95。在此基础上，利用虚拟智能体的性能参数计算该虚拟智能体执行第 1 个打击任务的任务打击代价，对第 1 个打击任务进行竞拍。

根据上述描述，Follower_UxV 接收到 Leader_UxV 下发的任务清单后，根据时敏目标出现的时刻确定打击任务的优先级，出现的时刻越早，打击任务的优先级就越高。在此基础上，借助于虚拟智能体，利用式（5-2）和式（5-3）分别计算自身竞拍当前任务清单中各任务的通信代价和任务打击代价，进而获得自身执行当前任务清单中各任务的任务执行代价并发送给 Leader_UxV。Leader_UxV 接收到 Follower_UxV 发送的任务执行代价后，在时敏目标时间窗口 ***dur*** 的约束下，通过解算最小化全局任务执行代价函数完成任务分配。***dur*** 受 Follower_UxV 执行当前任务的影响，其表达式见式（5-8）。

$$dur_m(k)=\begin{cases} dur_m(k-1)+var_{ijm}(k), & \text{Follower\_UxV}_i\text{正在打击TST}_j \\ \\ dur_m(k-1), & \text{Follower\_UxV}_i\text{未在打击TST}_j \end{cases} \tag{5-8}$$

式中，$m \in \boldsymbol{T}$，$m \neq j$，dur_m 表示 TST_m 的时间窗口；var_{ijm} 表示 Follower_UxV_i 执行 TST_j 打击任务对其他后续 TST_m 时间窗口的影响。

5.3.2　在线路径规划

Leader_UxV 完成任务分配后立即下发任务，Follower_UxV 收到 Leader_

UxV 下发的任务，须计算其与所要打击时敏目标之间的相对距离，如果该距离小于/等于设定的打击点距离 *D_start*，则发射导弹开始打击，并在原地盘旋直到目标击毁；如果该距离大于设定的打击点距离 *D_start*，则需要利用路径规划算法进行打击路径规划。

目前有多种算法应用于智能体路径规划中，主要包括 GA 算法、PSO 算法、Voronoi 图算法、MPC 算法等。其中，MPC 算法简单易实现，且能够直接应用于动态环境下的路径规划问题[99]。因此，本书利用 MPC 算法实现 Follower_UxV 的路径规划。

1）MPC 算法原理

MPC 算法是一种建立在预测模型、滚动优化和反馈校正三项基本原理之上的优化控制算法，通过某一性能指标的最优来确定未来的控制作用。该算法利用实验数据作为系统的非参数模型，采用滚动优化策略，通过不断地在线优化计算，获取最优的控制效果。MPC 算法控制原理如图 5-2 所示。

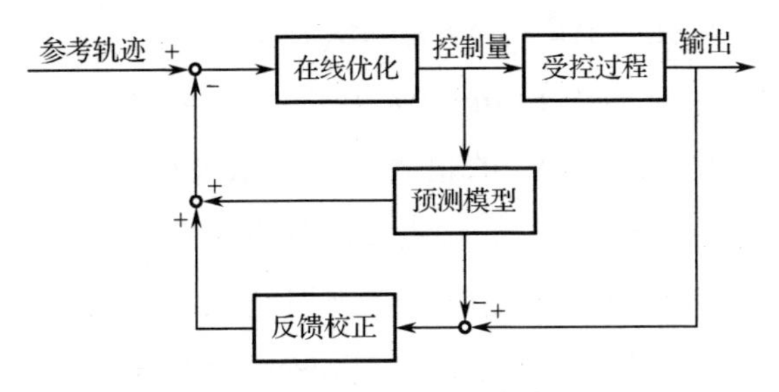

图 5-2 MPC 算法控制原理

由图 5-2 可知，MPC 算法包含三大要素：预测模型、滚动优化、反馈校正。

① 预测模型：具有预测功能的受控对象模型，是对受控对象动态行为的表征，不需要辨识系统的内部结构，简单易构建。

② 滚动优化：采用滚动优化策略预测控制算法，与通常的离散最优控制算法不同，不是采用一个不变的全局优化目标，而是采用滚动式的有限时域优化策略。这意味着优化过程不是离线一次进行，而是在线反复进行优化计算、滚动实施，从而使模型失配、时变、干扰等引起的不确定性能及时得到弥补，提高系统的控制效果。这一特征能够处理多智能体在执行任务过程中因复杂、多变的环境带来的问题。

③ 反馈校正：由于实际系统中存在非线性、不确定性等因素的影响，在预测控制算法中，基于不变模型的预测输出不可能与系统的实际输出完全一致，而在滚动优化过程中，又要求模型输出与实际系统输出保持一致，为此，MPC采用过程实际输出与模型输出之间的误差进行反馈校正来弥补这一缺陷，能够在一定程度上克服由于预测模型误差和某些不确定性干扰等因素对系统的影响，从而增强系统的鲁棒性。

2）基于 MPC 的协同路径规划算法

由上节的描述可知，MPC 算法是包含预测模型、滚动优化和反馈校正三大要素的控制优化算法。其中，滚动优化是 MPC 算法直接应用于智能体动态路径规划的基础和保证。假设 Follower_UxV 限制在二维平面内，选取简单的 Follower_UxV 质点运动学方程作为预测模型，则建立的预测模型见式（5-9）、式（5-10）、式（5-11）。

$$x(k+1)=x(k)+s\cos(\psi(k+1)) \tag{5-9}$$

$$y(k+1)=y(k)+s\sin(\psi(k+1)) \tag{5-10}$$

$$\psi(k+1)=\psi(k)+(u/v)\times step\_t, \qquad |u|<U \tag{5-11}$$

式中，(x,y) 表示 Follower_UxV 的位置；k 表示采样时刻；$s=v\times step\_t$ 表示 Follower_UxV 当前导航点和下一导航点之间的直线距离；v 表示 Follower_UxV 的速度；$step\_t$ 表示进行路径规划时，当前路径点与下一路径点之间的时间间隔，即 MPC 算法的时间步长；$\varPsi$ 表示 Follower_UxV 的航向角；U 表示侧向加速度的边界；u 表示侧向加速度，是利用 MPC 算法通过滚动优化路径代价函数获得的最优控制量。

为获得安全无碰撞的路径，将 Follower_UxV 协同路径规划问题转化为带有时间和空间约束的单个 Follower_UxV 路径规划问题，即在利用 MPC 算法实现各 Follower_UxV 的路径规划时，在构建的路径代价函数中考虑各 Follower_UxV 间的时间和空间约束，以避免各 Follower_UxV 间的碰撞。为此，在 Follower_UxV 与其邻居 Follower_UxV 的相对距离约束下，综合考虑 Follower_UxV 与时敏目标之间的距离、时敏目标对 Follower_UxV 的威胁度及 Follower_UxV 从当前路径点到下一路径点的控制代价构建路径规划代价函数，则路径规划代价函数可表示为

$$c\_p_{ij}(k)=\begin{cases}\beta u_i(k)+\gamma P\_t_{ij}(k)+\lambda \boldsymbol{l}_{ij}(k)\boldsymbol{L}_i\boldsymbol{l}_{ij}^{\mathrm{T}}(k), & \text{Follower\_UxV}_i\text{与邻居Follower\_UxV的相对距离大于安全距离}\\ \infty, & \text{Follower\_UxV}_i\text{与邻居Follower\_UxV的相对距离小于等于安全距离}\end{cases} \tag{5-12}$$

式中，β，γ 和 λ 表示加权系数；u_i 表示 Follower_UxV$_i$ 从当前导航点到下一时刻导航点的控制变量；P_t_{ij} 表示 TST$_j$ 对 Follower_UxV$_i$ 的威胁能力；$\boldsymbol{L}_i$ 表示 Follower_UxV$_i$ 与时敏目标之间的相对位置代价加权矩阵；$\boldsymbol{l}_{ij}$ 表示 Follower_UxV$_i$ 与 TST$_j$ 之间的相对位置，表达式见式（5-13）。

$$\boldsymbol{l}_{ij}(k)=\begin{pmatrix}x_i(k)-x_j(k)\\ y_i(k)-y_j(k)\end{pmatrix}^{\mathrm{T}} \tag{5-13}$$

其中

$$\boldsymbol{X}_j(k)=(x_j(k),y_j(k)) \tag{5-14}$$

式中，$\boldsymbol{X}_i(k)=(x_i(k),y_i(k))$，$\boldsymbol{X}_j(k)=(x_j(k),y_j(k))$ 分别表示在采样时刻 k，Follower_UxV$_i$ 和 TST$_j$ 的位置。其中，$\boldsymbol{X}_j(k)$ 也是 Follower_UxV$_i$ 的参考轨迹。

5.3.3 集中式任务规划算法实现

根据上述对海上多智能体协同打击时敏目标集中式任务分配和路径规划的描述，海上多智能体协同打击时敏目标集中式任务规划算法主要通过以下四个步骤实现，伪代码见表 5-2。

步骤一： Leader_UxV 通过自身搭载的传感器获取时敏目标状态信息产生任务清单并下发，Follower_UxV 在时敏目标时间窗口约束下，借助虚拟智能体，根据式（5-2）计算竞拍各时敏目标打击任务的通信代价，根据式（5-3）计算打击各时敏目标的任务打击代价，在此基础上，获得打击各时敏目标的任务执行代价并递交给 Leader_UxV，Leader_UxV 根据式（5-1）实现任务分配并下发。

步骤二： Follower_UxV$_i$ 根据任务分配结果，判断自身的任务列表是否为空，若为空，则在当前位置盘旋等待，直到任务列表不为空时，按新的任务列表执行任务，否则执行步骤三。

步骤三： Follower_UxV$_i$ 根据自身的任务列表，计算其与所要打击的时敏目标之间的相对距离，若此距离小于/等于 D_start，则 Follower_UxV$_i$ 立即开始打击目标，并在原地盘旋直到目标击毁；否则，Follower_UxV$_i$ 将根据式（5-12）获得的最优控制量进行路径规划，当到达设定的打击点后开始打击目标，并在原地盘旋直到目标击毁。

步骤四： Follower_UxV$_i$ 执行当前任务会对后续时敏目标的时间窗口产生影响，需要对智能体编队的任务分配和打击路径进行更新，即返回步骤一进行任务重规划，直至完成所有时敏目标的打击任务。

表 5-2　协同打击时敏目标集中式任务规划算法伪代码

程序变量集合(n_F, n_T, k, *D_start*, t_1, t_2, *d_T*, *sum_finish_Target*, d_{ij}, ***dur***, ***c_e***, ***c_p***, ***s_b***, ***assigned***, ***Follower_UxV***)	
输入：n_F——Follower_UxV 的数目；	n_T——时敏目标的数目；
k——当前的采样时刻；	*D_start*——设定的打击点距离；
t_1——战场环境变化时刻；	t_2——战场环境无变化时刻；
d_T——时敏目标被击毁；	***dur***——时敏目标时间窗口矩阵；
sum_finish_Target——已经击毁的时敏目标的数目；	
d_{ij}——Follower_UxV$_i$ 与其打击的 TST$_j$ 之间的相对距离；	
c_e——Follower_UxV 打击时敏目标的任务执行代价矩阵；	
c_p——Follower_UxV 打击路径在线规划的目标代价矩阵；	
s_b——战场环境状态，包括时敏目标状态、Follower_UxV 的执行能力等；	
输出：***assigned***——编队任务分配结果；	
Follower_UxV——n_F 架 Follower_UxV 的位置信息；	
1：k=1←初始化采样时刻；	
2：if　***sum_finish_Target***$\neq n_T$	
3：　if　t_1←战场环境变化时刻；	
4：　　***s_b***(k)←更新战场环境的动态变化；	
5：　　***c_e***(k)←根据战场环境的动态变化，更新任务执行代价矩阵；	
6：　　***assigned***(k)←在 ***dur***(k)的约束下，根据任务执行代价矩阵 ***c_e***(k)，利用式（5-1）更新编队的任务分配；	
7：　　if　d_{ij}>*D_start*	
8：　　　***Follower_UxV$_i$***(k+1)←利用 MPC 算法，滚动优化路径规划代价矩阵 ***c_p***(k)，获得 Follower_UxV$_i$ 下一时刻的最优路径点；	
9：　　else	
10：　　　***Follower_UxV$_i$***(k+1)=***Follower_UxV$_i$***(k)←Follower_UxV$_i$ 打击 TST$_j$，并在原地盘旋直到目标击毁；	

续表

11:　　　if　*d_T*←时敏目标被击毁；
12:　　　　*sum_finish_Target=sum_finish_Target*+1←已经执行完的时敏目标数目加 1；
13:　　　end if
14:　　end if
15:　end if
16:　if　t_2←战场环境无变化时刻；
17:　　***assigned***(*k*)=***assigned***(*k*-1) ←编队任务分配结果保持不变；
18:　　if　d_{ij}>*D_start*
19:　　　***Follower_UxV$_i$***(*k*+1)←利用 MPC 算法，滚动优化路径规划代价矩阵 ***c_p***(*k*)，获得 Follower_UxV$_i$ 下一时刻的最优路径点；
20:　　else
21:　　　***Follower_UxV$_i$***(*k*+1)=***Follower_UxV$_i$***(*k*)←Follower_UxV$_i$ 打击 TST$_j$，并在原地盘旋直到目标击毁；
22:　　　if　*d_T*←时敏目标被击毁；
23:　　　　*sum_finish_Target=sum_finish_Target*+1←已经执行完的时敏目标数目加 1；
24:　　　end if
25:　　end if
26:　end if
27:　*k*=*k*+1；
28: end if

5.4 仿真实验与分析

通过与海上多智能体协同打击时敏目标集中式静态任务规划算法进行对比，验证本章介绍的海上多智能体协同打击时敏目标集中式动态任务规划算法的有效性。

定义 2： 海上多智能体协同打击时敏目标集中式静态任务规划算法是指不考虑时敏目标时间窗口的变化情况，仅在时敏目标初始时间窗口约束下进行编队的任务重分配和路径重规划。

5.4.1 实验环境与条件假设

在 AMD Athlon 处理器、CPU 主频为 3.1GHz、内存为 4G 的实验平台上利用 Matlab 软件对海上多智能体协同打击时敏目标集中式动态任务规划算法的性能进行仿真验证。实验环境与假设条件如下。

① 海上多智能体编队由 1 架 UAV 和 5 艘 USV 构成，UAV 承担任务决策者的角色，USV 承担任务执行者的角色，Leader_UAV 与 Follower_USV 间的信息交互不考虑时延。5 艘 Follower_USV 的初始信息见表 5-3。

表 5-3　5 艘 Follower_USV 的初始信息

Follower_USV	初始武器数量（单位：枚）	初始位置（单位：km）	侧向加速度范围（单位：m/s²）	巡航速度范围（单位：m/s）
$Follower\_USV_1$	7	(6.8, −23.2)	[−40, 40]	55～60
$Follower\_USV_2$	6	(6.8, −23.2)	[−40, 40]	50～55
$Follower\_USV_3$	6	(6.8, −23.2)	[−40, 40]	51～56
$Follower\_USV_4$	5	(6.8, −23.2)	[−40, 40]	53～58
$Follower\_USV_5$	6	(6.8, −23.2)	[−40, 40]	50～55

② 时敏目标集合由 9 个时敏目标构成，初始信息见表 5-4。

表 5-4　9 个时敏目标的初始信息

TST	初始位置（单位：km）	初始时间窗口（单位：s）
TST_1	(2, 0)	3.5499
TST_2	(−10, 6.4)	3.1839
TST_3	(6.4, −9.6)	3.0046
TST_4	(−11.2, 0)	3.6221
TST_5	(−10, −10)	3.7803
TST_6	(9.6, −14.8)	3.9027
TST_7	(0, −10)	3.9448
TST_8	(−3.6, 4.4)	3.8693
TST_9	(−5, −4)	3.5797

③ $D\_start = 12\text{km}$，即设定的 Follower_USV 开始打击时敏目标的打击点

距离。

④ 采样间隔 $step\_t$ 为 0.5s。

⑤ Follower_USV 执行当前任务会对后续时敏目标时间窗口产生影响，而不影响后续时敏目标出现时刻，时间窗口宽度变化量 var 是在均值为 0.5，标准差为 0.78 的随机数据集合中产生的。

5.4.2 仿真与分析

在上节给定的实验环境下，两种算法的初始任务分配结果及时敏目标状态如图 5-3 所示。第一行表示时敏目标初始时间窗口；第二行表示编队初始任务分配结果，即 Follower_USV$_i$ 打击 TST$_j$ 的情况；第三、四行分别表示时敏目标出现与消失的时刻。

TST$_j$时间窗口	3	6	7	9	5	1	8	4	2
	3.0046s	3.9027s	3.9448s	3.5797s	3.7803s	3.5499s	3.8693s	3.6221s	3.1839s
Follower_USV$_i$打击TST$_j$($i \to j$)	1→3	4→6	4→7	2→9	5→5	3→1	2→8	3→4	1→2
TST$_j$出现时刻	k=55	k=64	k=100	k=372	k=381	k=439	k=622	k=651	k=829
TST$_j$消失时刻	k=62	k=72	k=108	k=380	k=389	k=447	k=630	k=659	k=836

图 5-3 初始任务分配结果及时敏目标状态

1）时敏任务静态分配算法

如图 5-3 所示，在初始任务分配下，编队内各艘 Follower_USV 与分配目标之间的相对距离都大于 D_start。因此，编队内各艘 Follower_USV 需要利用 MPC 算法进行打击路径在线规划。在路径规划过程中，各艘 Follower_USV 将根据分配目标的出现时刻、位置信息和时间窗口信息在自身运动速度范围内动态选择巡航速度。

在采样时刻 $k=55$，Follower_USV$_1$ 与分配的 TST$_3$ 之间的相对距离为 11.985km，小于 $D\_start=12\text{km}$，Follower_USV$_1$ 在当前位置立即开始打击 TST$_3$，在采样时刻 $k=62$ 完成对 TST$_3$ 的打击。这一打击事件将会对后续时敏目标时间窗口产生影响。例如，TST$_6$ 时间窗口由 3.9027s 变化为 2.8586s，TST$_7$ 时间窗口由 3.9448s 变化为 3.8762s 等。同时，Leader_UAV 基于时敏任务静态分配算法进行编队任务重分配，即 Leader_UAV 在进行编队任务重分配时不考虑时敏目标时间窗口变化情况，仅在时敏目标初始时间窗口约束下，根据 Follower_USV 的任务执行时间、打击收益、毁伤能力和时敏目标对 Follower_UxV 的威胁能力进行任务重分配。时敏任务静态分配算法的任务重分配结果及时敏目标状态变化情况如图 5-4 所示。

TST_j时间窗口	~~3~~ 3.0046s	6 2.8586s	7 3.8762s	9 3.5708s	5 4.8371s	1 3.6463s	8 3.6369s	4 3.6204s	2 4.9225s
$Follower_USV_i$打击$TST_j(i \to j)$	1→3	2→6	4→7	1→9	5→5	4→1	3→8	3→4	1→2
TST_j出现时刻	k=55	k=64	k=100	k=372	k=381	k=439	k=622	k=651	k=829
TST_j消失时刻	k=62	k=70	k=108	k=380	k=391	k=447	k=631	k=659	k=839
$Follower_USV_i$预期到达打击点时刻	k=55								
打击效果	击毁	待打击	待打击	待打击	待打击	待打击	待打击	待打击	待打击

图 5-4　时敏任务静态分配算法的任务重分配结果及时敏目标状态变化情况（k=62）

同理，根据 Leader_UAV 任务重分配结果，$Follower\_USV_4$ 在采样时刻 $k=108$ 完成了对 TST_7 的打击。此时，Leader_UAV 根据时敏任务静态分配算法进行编队任务重分配，$Follower\_USV_1$ 开始执行对 TST_9 的打击任务。$Follower\_USV_1$ 从当前位置到达 TST_9 打击点的最短时间为 267 个采样间隔，最长时间为 272 个采样间隔。$Follower\_USV_1$ 在最大巡航速度下，将在采样时刻 $k=375$ 到达 TST_9 打击点。虽然 $Follower\_USV_1$ 到达时刻滞后于 TST_9 出现时刻，但仍然可以实现对 TST_9 的打击，如图 5-5 所示。

TST_j时间窗口	~~3~~ 3.0046s	~~6~~ 2.8586s	~~7~~ 3.6503s	~~9~~ 4.1304s	5 4.8695s	1 5.2767s	8 5.0209s	4 4.4712s	2 4.7158s
$Follower_USV_i$打击$TST_j(i \to j)$	1→3	2→6	4→7	1→9	5→5	3→1	2→8	4→4	5→2
TST_j出现时刻	k=55	k=64	k=100	k=372	k=381	k=439	k=622	k=651	k=829
TST_j消失时刻	k=62	k=70	k=108	k=381	k=391	k=450	k=633	k=660	k=839
$Follower_USV_i$预期到达打击点时刻	k=55	k=64	k=100	k=375					
打击效果	击毁	击毁	击毁	击毁	待打击	待打击	待打击	待打击	待打击

图 5-5　时敏任务静态分配算法的任务分配结果及时敏目标状态（k=381）

Follower_USV 根据编队任务分配结果执行对分配目标的打击，在打击过程中，需要利用 MPC 算法进行打击路径的动态规划。在 $Follower\_USV_1$ 执行对 TST_4 的打击任务过程中，TST_4 在采样时刻 $k=651$ 出现，在采样时刻 $k=659$

消失，$Follower\_USV_1$ 在自身最大巡航速度下，预计在采样刻 $k = 671$ 到达 TST_4 打击点。此时 TST_4 已消失，$Follower\_USV_1$ 未能完成对 TST_4 的打击任务，如图 5-6 所示。

TST_j时间窗口	☒	☒	☒	☒	☒	☒	☒	4	2
	3.0046s	2.8586s	3.6503s	4.1304s	3.7805s	3.5499s	4.5909s	3.7749s	4.7158s
$Follower_USV_i$打击$TST_j(i\to j)$	1→3	2→6	4→7	1→9	5→5	3→1	4→8	1→4	1→2
TST_j出现时刻	k=55	k=64	k=100	k=372	k=381	k=439	k=622	k=651	k=829
TST_j消失时刻	k=62	k=70	k=108	k=381	k=389	k=447	k=632	k=659	k=840
$Follower_USV_i$预期到达打击点时刻	k=55	k=64	k=100	k=375	k=381	k=432	k=622	k=671	
打击效果	击毁	击毁	击毁	击毁	击毁	击毁	击毁	未打击	待打击

图 5-6 时敏任务静态分配算法的任务分配结果及时敏目标状态（k=659）

通过上述分析可知，在时敏目标时间窗口动态变化时，时敏任务静态分配算法难以保证 Follower_USV 在有效的时间窗口内到达打击点，只完成了部分时敏目标的打击任务，从而影响编队的任务执行效果。

2）时敏任务动态分配算法

在初始任务分配（如图 5-3 所示）下，编队内各 Follower_USV 利用 MPC 算法生成打击路径，开始向目标进行机动。在采样时刻 $k = 55$，$Follower\_USV_1$ 开始打击 TST_3，在采样时刻 $k = 62$ 完成对 TST_3 的打击。同理，这一打击事件将会对后续时敏目标时间窗口产生影响，Leader_UAV 开始收集信息，并采用时敏任务动态分配算法进行编队任务重分配。时配任务动态分配算法的任务重分配结果及时敏目标状态如图 5-7 所示。

对比图 5-4 与图 5-7 可知，在采样时刻 $k = 62$，时敏目标的状态完全相同，但两种算法的任务重分配结果却不相同。这是由于两种算法的初始任务分配结果相同，且执行 TST_3 打击任务的执行情况也相同，所以时敏目标的状态完全相同，但时敏任务动态分配算法充分考虑了时敏目标时间窗口的变化情况，并在此约束下进行任务重分配，而时敏任务静态分配算法不考虑时敏目标时间窗口的变化情况，仅在时敏目标初始时间窗口的约束下进行任务重分配，所以两种算法的任务重分配结果不同。

同理，根据 Leader_UAV 任务重分配结果，$Follower\_USV_2$ 在采样时刻 $k = 70$ 完成了对 TST_6 的打击，$Follower\_USV_4$ 在采样时刻 $k = 108$ 完成了对 TST_7

的打击。此时，Leader_UAV 根据时敏任务动态分配算法进行编队任务重分配，Follower_USV_4 开始执行对 TST_9 的打击任务。Follower_USV_4 从当前位置到达 TST_9 打击点的最短时间为 252 个采样间隔，最长时间为 275 个采样间隔，即 Follower_USV_4 能在时刻 $k=360$ 与 $k=383$ 之间到达 TST_9 打击点，因此 Follower_USV_4 能够在自身运动速度范围内动态选择巡航速度，按时到达 TST_9 打击点，确保完成打击任务。Follower_USV_4 在完成对 TST_9 的打击任务后将对后续时敏目标的时间窗口产生影响，编队需要进行任务重分配，如图 5-8 所示。

TST_j时间窗口	~~3~~ 3.0046s	6 2.8586s	7 3.8762s	9 3.5708s	5 4.8371s	1 3.6463s	8 3.6369s	4 3.6204s	2 4.9225s
Follower_USV_i打击$\text{TST}_j(i\to j)$	1→3	2→6	4→7	1→9	5→5	3→1	3→8	4→4	1→2
TST_j出现时刻	k=55	k=64	k=100	k=372	k=381	k=439	k=622	k=651	k=829
TST_j消失时刻	k=62	k=70	k=108	k=380	k=391	k=447	k=631	k=659	k=839
Follower_USV_i预期到达打击点时刻	k=55								
打击效果	击毁	待打击	待打击	待打击	待打击	待打击	待打击	待打击	待打击

图 5-7　时敏任务动态分配算法的任务重分配结果及时敏目标状态（k=62）

TST_j时间窗口	~~3~~ 3.0046s	~~6~~ 2.8586s	~~7~~ 3.6503s	~~9~~ 4.1304s	5 4.8695s	1 5.2767s	8 5.0209s	4 4.4712s	2 4.7158s
Follower_USV_i打击$\text{TST}_j(i\to j)$	1→3	2→6	4→7	4→9	3→5	1→1	2→8	4→4	5→2
TST_j出现时刻	k=55	k=64	k=100	k=372	k=381	k=439	k=622	k=651	k=829
TST_j消失时刻	k=62	k=70	k=108	k=381	k=391	k=450	k=633	k=660	k=839
Follower_USV_i预期到达打击点时刻	k=55	k=64	k=100	k=372					
打击效果	击毁	击毁	击毁	击毁	待打击	待打击	待打击	待打击	待打击

图 5-8　时敏任务动态分配算法的任务分配结果及时敏目标状态（k=381）

对比图 5-5 与图 5-8 可知，在时敏任务动态分配算法下，Follower_USV_4 替代 Follower_USV_1 执行对 TST_9 的打击任务，且 Follower_USV_4 能够在自身运动速度范围内动态选择巡航速度，在采样时刻 $k=372$ 按时到达 TST_9 打击点，实现对 TST_9 的打击。

同理，Follower_USV_3 在采样时刻 $k=381$ 按时到达 TST_5 打击点，击毁 TST_5；Follower_USV_1 在时刻 $k=439$ 按时到达 TST_1 打击点，击毁 TST_1；Follower_USV_1 在时刻 $k=622$ 按时到达 TST_8 打击点，击毁 TST_8；Follower_USV_3

在时刻 $k=651$ 按时到达 TST_4 打击点，击毁 TST_4。此时，时敏任务动态分配算法的任务重分配结果及时敏目标状态如图 5-9 所示。

TST_j时间窗口	~~3~~ 3.0046s	~~6~~ 2.8586s	~~7~~ 3.6503s	~~9~~ 4.1304s	~~5~~ 4.8695s	~~1~~ 5.6656s	~~8~~ 5.0647s	~~4~~ 5.8806s	2 4.7158s
$Follower_USV_i$打击$TST_j(i \to j)$	1→3	2→6	4→7	4→9	3→5	1→1	1→8	3→4	5→2
TST_j出现时刻	k=55	k=64	k=100	k=372	k=381	k=439	k=622	k=651	k=829
TST_j消失时刻	k=62	k=70	k=108	k=381	k=391	k=451	k=633	k=663	k=840
$Follower_USV_i$预期到达打击点时刻	k=55	k=64	k=100	k=372	k=381	k=439	k=622	k=651	
打击效果	击毁	击毁	击毁	击毁	击毁	击毁	击毁	击毁	待打击

图 5-9　时敏任务动态分配算法的任务重分配结果及时敏目标状态（k=663）

对比图 5-6 与图 5-9 可知，在时敏任务动态分配算法下，$Follower\_USV_3$ 替代 $Follower\_USV_1$ 执行对 TST_4 的打击任务，且 $Follower\_USV_3$ 能够在自身运动速度范围内动态选择巡航速度，在采样时刻 $k=651$ 按时到达 TST_9 打击点，完成对 TST_9 的打击。在时敏任务动态分配算法下，Follower_USV 打击路径轨迹图如图 5-10 所示。

如图 5-10 所示，编队内 Follower_USV 的打击路径随着打击任务的更新而动态调整。例如，$Follower\_USV_1$ 在采样时刻 $k=1$ 开始执行对 TST_3 的打击任务，在采样时刻 $k=55$，$Follower\_USV_1$ 到达 TST_3 打击点开始打击 TST_3，并在采样时刻 $k=62$ 确认 TST_3 被击毁后，按照新的任务分配结果开始执行对 TST_9 的打击任务，其打击路径也随之变化。

通过对上述仿真结果的分析，本章介绍的海上多智能体协同打击时敏目标集中式动态任务规划算法具有以下特点：

① 在时敏目标时间窗口变化的情况下，能够保证智能体在有效的时间窗口内到达打击点，完成全部时敏目标的打击任务。

② 更加均衡地分配打击任务，发挥多智能体协同执行任务的能力。例如，在时敏任务静态分配算法的仿真中，$Follower\_USV_1$ 承担了 4 次打击任务，$Follower\_USV_4$ 承担了 2 次打击任务，其他 Follower_USV 各承担了 1 次打击任务。而在时敏任务动态分配算法的仿真中，$Follower\_USV_1$ 承担了 3 次打击任务，$Follower\_USV_3$ 和 $Follower\_USV_4$ 各承担了 2 次打击任务，其他 Follower_USV 各承担了 1 次打击任务。

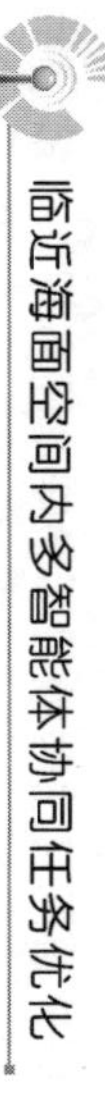

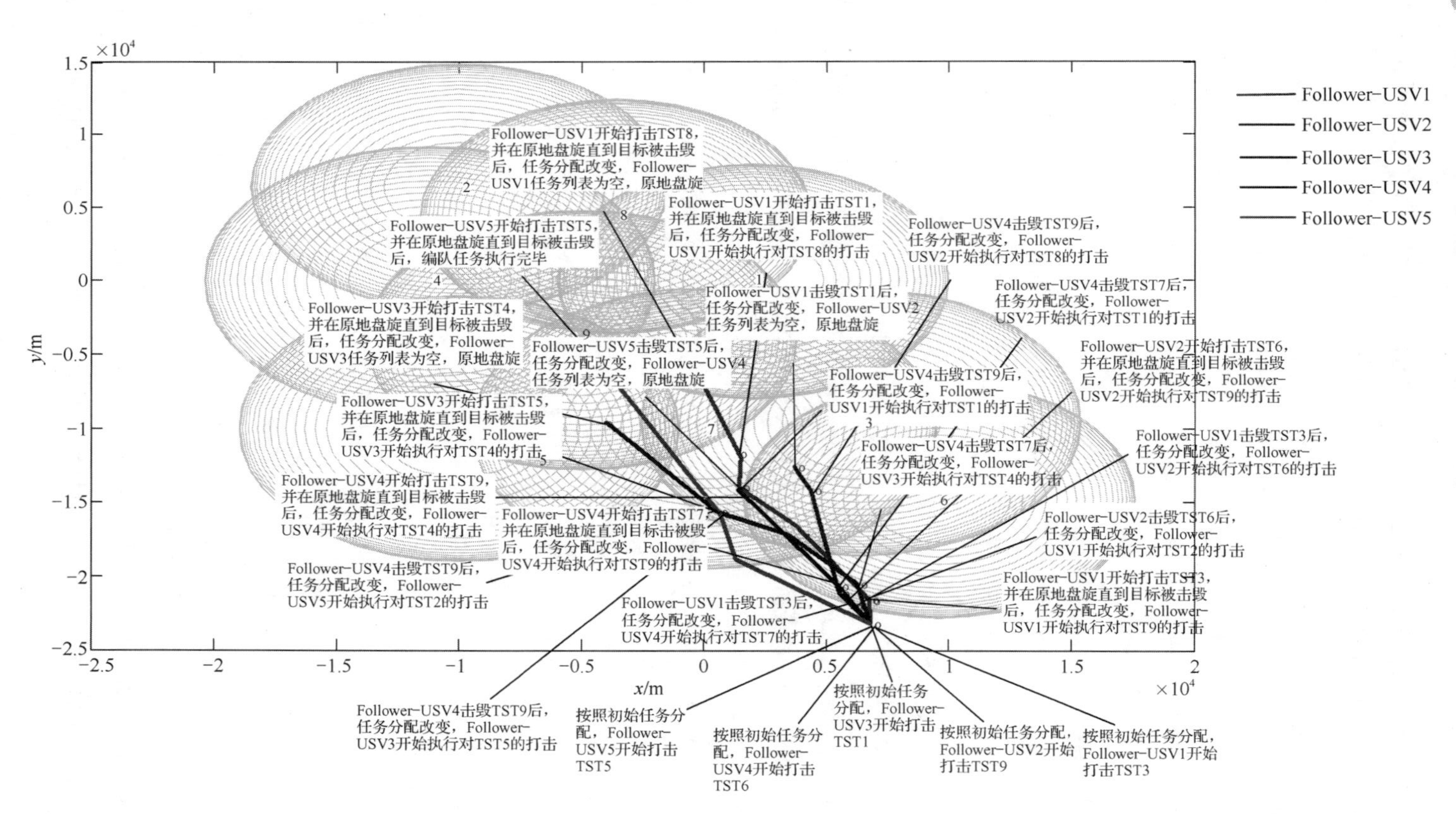

图5-10　Follower–USV的打击路径轨迹图

5.5 本章小结

本章详细阐述了集中式控制方式下的海上多智能体编队协同打击多个时敏目标的问题。首先，根据时敏目标的特点，对集中式控制方式下多智能体编队协同打击时敏目标的过程进行了概述；其次，在时敏目标时间窗口动态变化的约束下，介绍了一种基于时间窗口机制的动态任务分配算法，该算法通过综合评估目标威胁代价、距离代价、任务执行时间、毁伤能力和打击收益完成编队任务动态分配，确保海上多智能体编队协同打击时敏目标任务执行效能的最大化。在此基础上，将多智能体协同路径规划问题转化为带空间和时间约束的单智能体路径规划问题，根据各智能体的任务列表，利用 MPC 算法实现了智能体打击路径的在线规划；最后，通过与海上多智能体协同打击时敏目标集中式静态任务规划算法的仿真实验对比，验证了本章所介绍的海上多智能体协同打击时敏目标集中式动态任务规划算法的有效性。

第6章 海上多智能体协同目标跟踪分布式任务规划

6.1 引言

目标跟踪是智能体的一个重要应用方向。临近海面空间是人类社会经济活动和军事斗争最为频繁的区域。在该区域内存在着很多跟踪任务，如：在民用领域，包括跟踪走私、违规捕捞、盗采海砂等非法作业船只等；在军事领域，包括跟踪敌方 UAV、USV 等。根据智能体编队的控制方式，目标跟踪可以分为两类，一类是集中式目标跟踪，一类是分布式目标跟踪。集中式控制方式具有全局性强等特点，编队能够获得全局最优的任务规划，但其鲁棒性差、计算量大、动态响应时间较长。而分布式控制方式正好与之相反，能够对环境变化做出快速响应。在目标跟踪过程中，目标的时间窗口、位置等状态具有动态不确定性，且可能面临突发威胁等情况，此时，需要编队能够对这些任务执行环境的动态变化做出快速响应和决策，而分布式控制方式就特别适用于这种情况。

在分布式控制方式下，文献[144]提出了一种基于改进遗传算法的动态任务规划算法，该算法标定了适应度值，充分利用了遗传算法的全局搜索能力，有效避免了算法在最优解附近摆动的现象；文献[145]将复杂环境下的多目标跟踪问题转化为滚动时域优化控制问题，并提出了一种基于实时规则的目标跟踪算法；文献[146]提出了一种基于分散信息一致性的任务规划算法，解决了多智能

体编队任务决策的冲突问题，确保获得全局最优的任务规划结果。然而，上述算法为了获得全局最优的任务规划结果，智能体间需要进行高频次的信息交互和融合处理，以解决任务规划结果不一致的问题，这可能会降低编队任务规划效率。

针对该问题，研究人员尝试以牺牲任务规划结果的全局最优为代价获取任务规划效率的提高。如文献[147]针对通信和测量受限下的多智能体协同目标跟踪问题，提出了一种改进的一致性信息滤波算法，实现邻居智能体间局部信息的融合，在此基础上实现了目标跟踪的协同规划；美国麻省理工学院航空控制实验室知名学者 Jonathan 等提出了捆绑一致性算法（Consensus-Based Bundle Algorithm，CBBA）及其衍生算法[68-72]。该类算法是一种基于市场机制的分布式任务规划算法，通过拍卖和协调两个过程实现对任务的分配。但上述算法都是仅通过邻居智能体间的协调实现编队的任务规划，因此获得任务规划结果可能不是全局最优解，而是局部最优解。

此外，由于智能体自身搭载的通信设备限制、任务执行环境因素的制约以及噪声和丢包的存在，会造成智能体间的通信过程存在不确定性。因此，有必要研究通信约束对多智能体协同目标跟踪的影响以及消除影响的办法。针对该问题，文献[148]在通信带宽和通信距离约束下，提出了一种基于移动自组网的多智能体协同动态任务规划算法；文献[149]研究了通信距离和传感器探测距离受限的多智能体协同目标跟踪问题；文献[150]利用随机预测方法补偿通信时延对编队任务决策的影响；文献[107]研究了通信距离、通信角度以及通信时延对编队任务规划的影响，并利用状态信息补偿方法来降低其影响。然而，上述文献都是重在消除通信约束对任务规划的影响，而未考虑智能体间的通信效率。

基于此，本章对分布式控制方式下的海上多智能体协同目标跟踪问题进行研究，在确保编队获取全局最优的任务规划结果的同时，从根本上减少智能体间信息交互的次数，提高智能体间的通信效率。首先，对海上多智能体协同目标跟踪问题进行描述，将其分解为通信决策、任务分配和路径规划三个子问题；其次，介绍一种间歇式通信决策机制，从根本上减少智能体间高频次的信息交互和数据融合的发生，提高智能体间的通信效率；然后，介绍一种分布式动态任务规划方法，该方法在编队态势信息达成共识的基础上，利用任务一致性思想建立分布式动态任务分配模型，确保编队任务分配的全局最优。在此基础上，将分布式动态任务分配模型中的代价函数与模型预测控制（Model Predictive Control，MPC）算法结合，完成多智能体对多个移动目标跟踪路径的在线规划；最后，通过仿真验证本章所介绍的分布式任务规划算法的有效性。

6.2 协同目标跟踪问题描述

将分布式控制方式下，多智能体协同目标跟踪的过程分解为通信决策、任务分配和路径规划三个子问题。

6.2.1 通信决策

在分布式控制方式下，海上多智能体能够有效进行多目标跟踪的前提是，参与跟踪任务的智能体间可以进行有效的消息传递和数据交换，确保智能体间能够顺畅沟通，有效决策，以实现编队任务分配的一致性，确保编队任务执行效能的最大化。然而，受复杂海况以及智能体快速移动等因素的影响，智能体间的无线链路存在易变、不稳定的特点，使得智能体间的信息交互易出现丢包、重传等问题，从而降低智能体间信息交互的通信效率。此外，高频次的信息交互也会导致高频次的信息融合处理，从而降低编队任务规划的效率。针对该问题，介绍一种间歇式通信决策机制从根本上降低智能体间信息交互的次数，提高智能体间信息交互的效率。间歇式通信决策机制原理如图 6-1 所示。

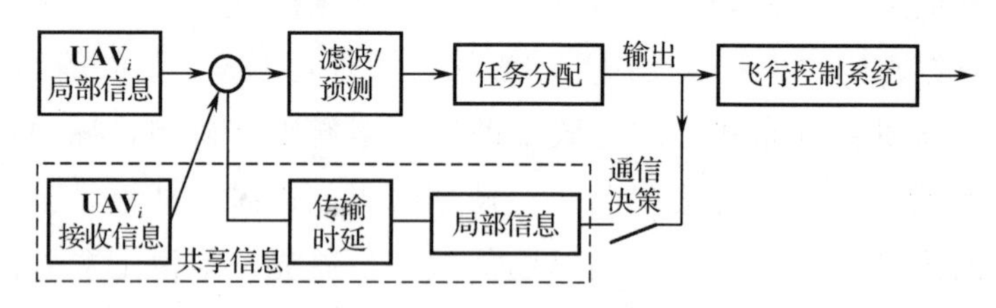

图 6-1　间歇式通信决策原理图

6.2.2 动态任务分配

假设 $\boldsymbol{N}=\{1,2,\cdots n_N\}$ 表示海上智能体集合，$\boldsymbol{T}=\{1,2,\cdots,n_T\}$ 表示移动目标集

合。智能体i（$i \in \boldsymbol{N}$）可以通过自身搭载的各类传感器对其他n_N-1个智能体和n_T个移动目标的状态进行观测。智能体通过自身搭载的传感器获取的观测信息称为局部信息。由于各智能体搭载的传感器的性能差异以及观测噪声的存在，使得各智能体的局部信息存在差异。在分布式控制方式下，如果编队内各智能体根据各自的局部信息进行任务分配，可能会导致任务分配结果产生冲突，造成编队任务分配结果的不一致性。因此，各智能体需要将各自的局部信息进行共享以达成编队任务分配的共识。

受智能体间通信距离和处理时延的影响，智能体间的局部信息共享存在传输时延Δc，即如果智能体i在k时刻发送自身的局部信息，那么智能体j（$j \in \boldsymbol{N}$）将在k^+（$k^+ = k + \Delta c, k < k^+ \leqslant k+1$）时刻完成信息接收。将智能体在$k^+$时刻接收到的信息与智能体$k+1$时刻的局部信息共同称作共享信息。智能体利用共享信息完成自身的任务分配，并在此基础上，基于编队任务分配一致性准则，完成编队的任务分配。

6.2.3 跟踪路径规划

由 5.3.2 小节的分析可知，多智能体协同路径规划问题可以转化为带时间和空间约束的单智能体路径规划问题，在此基础上，利用 MPC 算法可以实现多智能体的协同路径规划。文献[100]证明当目标机动性能较强时，MPC 算法需要引入预测算法完成对目标运动状态的预测，从而提高路径规划算法的性能。基于此，借鉴文献[100]提出的基于移动目标预测的 MPC 算法思路，在智能体自身机动性能的约束下，将分布式动态任务分配模型中的代价函数与 MPC 算法中的路径规划代价函数相结合，通过滚动优化路径规划代价函数获得智能体的下一导航点，实现智能体对移动目标的跟踪。

6.3 通信决策机制

根据间歇式通信决策机制的原理，k时刻智能体i的通信决策过程为：智能体i利用当前时刻获得的局部信息进行任务分配，如果此任务分配结果与当前时刻编队的任务分配结果不一致，则智能体i发起通信，通信内容为自身的局部信息；否则智能体i不发起通信。k时刻智能体i的通信决策机制见式（6-1）。

$$D^i(k)=\begin{cases}\text{通信}, & \boldsymbol{L}^i_{Local}(k)\neq \boldsymbol{L}(k)\\ \text{不通信}, & \boldsymbol{L}^i_{Local}(k)=\boldsymbol{L}(k)\end{cases} \tag{6-1}$$

式中，$D^i(k)$表示k时刻智能体i的通信决策，$\boldsymbol{L}^i_{Local}(k)$表示$k$时刻智能体$i$的局部任务分配结果，$\boldsymbol{L}(k)$表示$k$时刻编队的任务分配结果。

6.4 协同目标跟踪分布式任务规划算法

6.4.1 分布式动态任务分配

1）局部信息与共享信息处理

智能体和移动目标的运动状态可用以下状态方程描述：

$$\boldsymbol{x}(k)=\boldsymbol{F}(k)\boldsymbol{x}(k-1)+\boldsymbol{B}(k)\boldsymbol{c}(k)+\boldsymbol{w}(k) \tag{6-2}$$

式中，$\boldsymbol{x}(k)$表示k时刻智能体/目标的状态矢量；$\boldsymbol{F}(k)$表示k时刻系统的状态转移矩阵；$\boldsymbol{B}(k)$表示k时刻系统的控制矩阵；$\boldsymbol{c}(k)$表示k时刻的控制向量；$\boldsymbol{w}(k)$表示k时刻系统的动态噪声，服从均值为零，方差为$\boldsymbol{Q}(k)$的高斯分布。

智能体的观测模型可用以下观测模型描述：

$$\boldsymbol{z}(k)=\boldsymbol{H}(k)\boldsymbol{x}(k)+\boldsymbol{v}(k) \tag{6-3}$$

式中，$\boldsymbol{z}(k)$表示k时刻智能体的观测矢量；$\boldsymbol{H}(k)$表示k时刻系统的观测矩阵；$\boldsymbol{v}(k)$表示k时刻系统的观测噪声，服从均值为零，方差为$\boldsymbol{R}(k)$的高斯分布。

根据6.2.2小节中对局部信息的定义，k时刻智能体i的局部信息可表示为：

$$\boldsymbol{Y}^i_{Local}(k)=\{\boldsymbol{z}^i_{\mathrm{UAV}_1}(k),\ldots,\boldsymbol{z}^i_{\mathrm{UAV}_j}(k),\ldots,\boldsymbol{z}^i_{\mathrm{UAV}_{n_N}}(k),\boldsymbol{z}^i_{\mathrm{Target}_1}(k),\ldots,\boldsymbol{z}^i_{\mathrm{Target}_m}(k),\ldots,\boldsymbol{z}^i_{\mathrm{Target}_{n_T}}(k)\} \tag{6-4}$$

式中，$i,j\in\boldsymbol{N}, j\neq i, m\in\boldsymbol{T}$；$\boldsymbol{Y}^i_{Local}(k)$表示$k$时刻智能体$i$的局部信息；$\boldsymbol{z}^i_{\mathrm{UAV}_j}(k)$，$\boldsymbol{z}^i_{\mathrm{Target}_m}(k)$分别表示$k$时刻智能体$i$对智能体$j$和目标$m$的观测信息。

$k+1$时刻智能体i的共享信息$\boldsymbol{Y}^i_{Shared}(k+1)$包括两部分：一部分是智能体$i$接收信息（即在$k^+$时刻接收到的其他智能体发送的信息）的预测值，一部分是

$k+1$时刻智能体i的局部信息$\boldsymbol{Y}_{Local}^{i}(k+1)$，因此，$\boldsymbol{Y}_{Shared}^{i}(k+1)$可表示为：

$$\boldsymbol{Y}_{Shared}^{i}(k+1)=\alpha\boldsymbol{Y}_{Local}^{i}(k+1)+\frac{(1-\alpha)}{n_C}\sum_{k^+}\hat{\boldsymbol{Y}}_{Rec}^{i}(k+1|k^+) \tag{6-5}$$

其中

$$\hat{\boldsymbol{Y}}_{Rec}^{i}(k+1|k^+)=\boldsymbol{F}^{i}(k)\boldsymbol{Y}_{Rec}^{i}(k^+) \tag{6-6}$$

式中，$\alpha\in(0,1]$表示加权系数；n_C表示在$(k,k+1]$时间段内发起通信的智能体的数量；$\boldsymbol{Y}_{Rec}^{i}(k^+)$表示智能体$i$在$k^+$时刻的接收信息。

2）分布式动态任务分配模型

由于智能体i的信息包括局部信息$\boldsymbol{Y}_{Local}^{i}$和共享信息$\boldsymbol{Y}_{Shared}^{i}$两部分，因此智能体$i$需要计算两个跟踪代价矩阵，一个是局部跟踪代价矩阵$\boldsymbol{J}_{Local}^{i}$，一个是共享跟踪代价矩阵$\boldsymbol{J}_{Shared}^{i}$。局部跟踪代价矩阵$\boldsymbol{J}_{Local}^{i}$需要实时计算以判断智能体$i$是否发起通信；共享跟踪代价矩阵$\boldsymbol{J}_{Shared}^{i}$当且仅当智能体间有信息交互时才计算。跟踪代价矩阵的第i行第m列对应智能体i跟踪目标m的任务代价。3 个智能体跟踪 3 个目标的跟踪代价矩阵如图 6-2 所示。

$J_{Local_{im}}^{i}$	目标1	目标2	目标3
智能体1	$J_{Local_{11}}^{i}$	$J_{Local_{12}}^{i}$	$J_{Local_{13}}^{i}$
智能体2	$J_{Local_{21}}^{i}$	$J_{Local_{22}}^{i}$	$J_{Local_{23}}^{i}$
智能体3	$J_{Local_{31}}^{i}$	$J_{Local_{32}}^{i}$	$J_{Local_{33}}^{i}$

（a）局部跟踪代价矩阵

$J_{Shared_{im}}^{i}$	目标1	目标2	目标3
智能体1	$J_{Shared_{11}}^{i}$	$J_{Shared_{12}}^{i}$	$J_{Shared_{13}}^{i}$
智能体2	$J_{Shared_{21}}^{i}$	$J_{Shared_{22}}^{i}$	$J_{Shared_{23}}^{i}$
智能体3	$J_{Shared_{31}}^{i}$	$J_{Shared_{32}}^{i}$	$J_{Shared_{33}}^{i}$

（b）共享跟踪代价矩阵

图 6-2　智能体i的跟踪代价矩阵

由图 6-2 可知，智能体i分别根据自身的局部信息和共享信息计算局部跟踪代价矩阵$\boldsymbol{J}_{Local}^{i}=\{J_{Local_{im}}^{i},i\in\boldsymbol{N},m\in\boldsymbol{T}\}$和共享跟踪代价矩阵$\boldsymbol{J}_{Shared}^{i}=\{J_{Shared_{im}}^{i},i\in\boldsymbol{N},m\in\boldsymbol{T}\}$，计算$\boldsymbol{J}_{Local}^{i}$和$\boldsymbol{J}_{Shared}^{i}$中的任意一组代价由式（6-7）获得。

$$J_{im}^{i}(k)=\beta\sum_{h=k}^{k+W}\hat{\boldsymbol{u}}^{i}(h|k)\hat{\boldsymbol{u}}^{i\mathrm{T}}(h|k)+\gamma\sum_{h=k}^{k+W}\hat{C}^{i}(h|k)+\lambda\sum_{h=k}^{k+W}\hat{\boldsymbol{l}}_{im}^{i}(h|k)\boldsymbol{L}^{i}\hat{\boldsymbol{l}}_{im}^{i\,\mathrm{T}}(h|k) \tag{6-7}$$

式中，β，γ和λ表示加权系数；W表示预测域宽度；$\hat{\boldsymbol{u}}^{i}(h|k)$表示每步预测下的控制变量；$\hat{C}^{i}(h|k)$表示每步预测下智能体与邻接智能体间的通信代价；$\boldsymbol{L}^{i}$表示智能体与目标间的相对位置代价加权矩阵；$\hat{\boldsymbol{l}}_{im}^{i}(h|k)$表示每步预测下智能体与目标之间的相对位置，表达式见式（6-8）。

$$\hat{\boldsymbol{l}}_{im}^{i}(h|k)=\begin{pmatrix}\hat{x}_i^i(h|k)-\hat{x}_m^i(h|k)\\ \hat{y}_i^i(h|k)-\hat{y}_m^i(h|k)\\ \hat{z}_i^i(h|k)-\hat{z}_m^i(h|k)\end{pmatrix}^{\mathrm{T}} \tag{6-8}$$

其中

$$\hat{\boldsymbol{X}}_m^i(h|k)=(\hat{x}_m^i(h|k),\hat{y}_m^i(h|k),\hat{z}_m^i(h|k)) \tag{6-9}$$

式中，$(\hat{x}_i^i,\hat{y}_i^i,\hat{z}_i^i)$，$(\hat{x}_m^i,\hat{y}_m^i,\hat{z}_m^i)$ 分别表示每步预测下智能体 i 对智能体 i 和目标 m 位置的预测；$\hat{\boldsymbol{X}}_m^i(h|k)$ 表示参考轨迹。

当智能体 i 计算 k 时刻自身的局部跟踪代价矩阵 $\boldsymbol{J}_{Local}^i(k)$ 时，需要利用自身的局部信息 $\boldsymbol{Y}_{Local}^i(k)$ 完成对智能体及其目标状态信息的 W 步预测，在此基础上，根据式（6-7）计算局部跟踪代价矩阵 $\boldsymbol{J}_{Local}^i(k)$。同理，如果 k 时刻有智能体发起通信，则智能体 i 在 $k+1$ 时刻可以利用自身的共享信息 $\boldsymbol{Y}_{Shared}^i(k+1)$ 计算共享跟踪代价矩阵 $\boldsymbol{J}_{Shared}^i(k+1)$。

根据获得的局部跟踪代价矩阵 $\boldsymbol{J}_{Local}^i(k)$ 和共享跟踪代价矩阵 $\boldsymbol{J}_{Shared}^i(k+1)$，通过最小化编队跟踪代价，可以获得两种任务分配结果，即局部任务分配结果 $\boldsymbol{L}_{Local}^i(k)$ 和共享任务分配结果 $\boldsymbol{L}_{Shared}^i(k+1)$。

$$\begin{cases}\boldsymbol{L}_{Local}^i(k)=\arg\min\limits_{\boldsymbol{L}\in\boldsymbol{\theta}}\boldsymbol{J}_{Local}^i(\boldsymbol{L}_a|\boldsymbol{Y}_{Local}^i(k))\\ \boldsymbol{L}_{Shared}^i(k+1)=\arg\min\limits_{\boldsymbol{L}\in\boldsymbol{\theta}}\boldsymbol{J}_{Shared}^i(\boldsymbol{L}_a|\boldsymbol{Y}_{Shared}^i(k+1))\end{cases} \tag{6-10}$$

式中，$\boldsymbol{\theta}$ 表示编队任务分配方案集合，$\boldsymbol{L}_a$ 表示集合 $\boldsymbol{\theta}$ 中的一种分配方案。在此基础上，$k+1$ 时刻智能体 i 的任务选取规则如下：

$$\boldsymbol{L}^i(k+1)=\begin{cases}\boldsymbol{L}_{Shared}^i(k+1), & J(\boldsymbol{L}_{Shared}^i(k+1)\,|\,\boldsymbol{Y}_{Shared}^i(k+1))<\varphi J(\boldsymbol{L}^i(k)\,|\,\boldsymbol{Y}_{Local}^i(k+1))\\ \boldsymbol{L}(k), & J(\boldsymbol{L}_{Shared}^i(k+1)\,|\,\boldsymbol{Y}_{Shared}^i(k+1))\geqslant\varphi J(\boldsymbol{L}^i(k)\,|\,\boldsymbol{Y}_{Local}^i(k+1))\end{cases} \tag{6-11}$$

式中，φ 表示加权系数，φ 的取值不能过大以防止两种任务分配方案代价差异不大时智能体 i 任务分配结果的频繁更新。

智能体 i 根据式（6-11）的任务选取规则完成 $k+1$ 时刻自身任务分配的选择，如果选择的任务分配是 $\boldsymbol{L}_{Shared}^i(k+1)$，则需要确认该任务分配结果是否与其他智能体的任务分配结果一致，从而在编队任务一致性的基础上更新编队的任

务分配。编队任务一致性的定义如下：

定义 1：假设编队内智能体的数量为n_N，在$k+1$时刻，智能体i根据式（6-11）完成自身任务分配的选择，获得相应的任务分配结果$\boldsymbol{L}^i(k+1)$。如果编队内有n_E（$n_E \in \left[\lfloor n_N/2 \rfloor +1, n_N\right]$）个智能体的任务分配结果相同，则编队任务分配达成一致，编队任务分配将更新为此任务分配。

根据编队任务一致性的定义，$k+1$时刻智能体编队的任务更新规则见式（6-12）。

$$\boldsymbol{L}(k+1)=\begin{cases}\boldsymbol{L}_E(k+1), & n_E \in \left[\lfloor n_N/2 \rfloor +1, n_N\right] \\ \\ \boldsymbol{L}(k), & n_E \in \left[1, \lfloor n_N/2 \rfloor\right]\end{cases} \tag{6-12}$$

式中，n_N表示编队内智能体的数量；n_E表示编队内任务分配结果相同的智能体数量；$\boldsymbol{L}_E(k+1)$表示n_E个智能体的任务分配结果。

6.4.2 跟踪路径在线规划

根据编队的任务分配结果，各智能体在协同路径规划的时间和空间约束下，根据自身的跟踪任务列表，利用 MPC 算法实现跟踪路径的在线规划。根据 MPC 算法，建立非线性的预测模型见式（6-13）～（6-17）。

$$x(k+1)=x(k)+s\cdot\cos(\phi(k+1))\cdot\cos(\theta(k+1)) \tag{6-13}$$

$$y(k+1)=y(k)+s\cdot\sin(\phi(k+1))\cdot\cos(\theta(k+1)) \tag{6-14}$$

$$z(k+1)=z(k)+s\cdot\sin(\theta(k+1)) \tag{6-15}$$

$$\phi(k+1)=\phi(k)+\phi_0\cdot u_\phi(k), \quad U_{\phi\min}\leqslant u_\phi\leqslant U_{\phi\max} \tag{6-16}$$

$$\theta(k+1)=\theta(k)+\theta_0\cdot u_\theta(k), \quad U_{\theta\min}\leqslant u_\theta\leqslant U_{\theta\max} \tag{6-17}$$

式中，(x,y,z)表示智能体的位置；$s=v\times step_t$表示智能体当前导航点和下一导航点之间的直线距离，v表示智能体的速度，$step_t$表示进行路径规划时，当前路径点与下一路径点之间的时间间隔，即 MPC 算法的时间步长；ϕ表示方位角，ϕ_0是常量，表示方位角变化步长，u_ϕ是方位角控制量，$U_{\phi\max}$、$U_{\phi\min}$分别表示方位角控制量的最大值和最小值；θ是俯仰角，θ_0是常量，表示俯仰角变化步长，u_θ是俯仰角控制量，$U_{\theta\max}$、$U_{\theta\min}$分别表示俯仰角控制量的最大值和最小值；$\boldsymbol{u}=(u_\phi,u_\theta)$是通过滚动优化式（6-7）的目标代价函数获得的最优控制量。

根据介绍的通信决策机制，智能体i的跟踪路径规划将在通信和不通信两种情况下完成。

（1）通信情况下的跟踪路径规划 如果k时刻编队内有智能体发起通信，即在$(k,k+1]$时间段内智能体间存在信息交互，则$k+1$时刻，智能体i将根据式（6-11）完成自身任务分配的更新，智能体编队将根据式（6-12）完成编队的任务更新，智能体i根据更新的任务分配结果$\boldsymbol{L}(k+1)$执行任务。在此基础上，智能体i将自身状态信息和更新的跟踪目标信息作为式（6-7）目标代价函数的输入，在有限时域内滚动优化代价函数，获得k+1时刻跟踪路径点的最优控制率$\boldsymbol{u}^i(k+1)$，进而根据式（6-13）～（6-17）所构建的预测模型，获得k+1时刻跟踪路径的最优路径点。

（2）不通信情况下的跟踪路径规划 如果k时刻编队内无智能体发起通信，则不需要进行编队任务分配的更新，即$\boldsymbol{L}(k+1)=\boldsymbol{L}(k)$，那么$k+1$时刻，智能体$i$仍按原来的任务分配结果执行任务。在此基础上，智能体i将利用滚动优化目标代价函数获得的最优控制率$\boldsymbol{u}^i(k+1)$，根据式（6-13）～（6-17）所构建的预测模型，获得k+1时刻跟踪路径的最优路径点。

6.4.3 分布式任务规划算法实现

基于上述的算法描述，本章介绍的协同目标跟踪分布式任务规划算法主要通过以下四个步骤实现，伪代码见表6-1。

步骤一： 智能体i（$i\in\boldsymbol{N}$）可以通过自身搭载的各类传感器对其他n_N-1个智能体和n_T个移动目标的状态信息进行观测。并利用此局部观测信息根据式（6-7）计算局部跟踪代价矩阵$\boldsymbol{J}^i_{Local}(k)$，根据式（6-10）计算局部任务分配$\boldsymbol{L}^i_{Local}(k)$。

步骤二： 智能体i基于间歇式通信决策机制，根据式（6-1）判断k时刻自身是否发起通信。无论k时刻编队内是否有智能体发起通信，编队内各智能体都按原来的任务分配执行跟踪任务，并根据式（6-7）获得的最优控制量$\boldsymbol{u}^i(k)$进行跟踪路径动态规划。

步骤三： $k+1$时刻，智能体i根据自身是否接收到其他智能体发送的局部信息完成自身的任务选择。如果没接收到其他智能体发送的局部信息，则说明编

队任务分配保持不变，智能体i仍按原来的任务分配执行跟踪任务；否则执行步骤四。

步骤四： 智能体i根据接收到的其他智能体发送的局部信息利用式（6-5）更新自身的共享信息，并根据式（5-7）计算共享跟踪代价矩阵$\boldsymbol{J}_{Shared}^{i}(k+1)$，根据式（6-10）计算共享任务分配$\boldsymbol{L}_{Shared}^{i}(k+1)$，根据式（6-11）的任务选择规则选择自身的任务分配$\boldsymbol{L}^{i}(k+1)$。在此基础上，智能体编队根据式（6-12）的编队任务更新规则实现编队任务分配的更新。编队内各智能体根据更新的任务分配执行跟踪任务，并根据式（6-7）获得的最优控制量$\boldsymbol{u}^{i}(k+1)$进行跟踪路径动态规划。

表 6-1　协同目标跟踪分布式任务规划算法伪代码

程序变量集合(n_N, n_T, k, sum_c, $\boldsymbol{Y}_{Local}^{i}$, $\boldsymbol{Y}_{Shared}^{i}$, $\boldsymbol{J}_{Local}^{i}$, $\boldsymbol{J}_{Shared}^{i}$, $\boldsymbol{L}, \boldsymbol{UxV}$)	
输入：n_N——智能体的数目；	n_T——移动目标的数目；
k——当前的采样时刻；	sum_c——发起通信的智能体数目；
$\boldsymbol{Y}_{Local}^{i}$ ——智能体 i 的局部信息；	$\boldsymbol{Y}_{Shared}^{i}$ ——智能体 i 的共享信息；
$\boldsymbol{J}_{Local}^{i}$ ——智能体 i 的局部跟踪代价矩阵；	$\boldsymbol{J}_{Shared}^{i}$ ——智能体 i 的局部跟踪代价矩阵；
输出：$\boldsymbol{L}$——编队任务分配；	$\boldsymbol{UxV}$——n_N 个智能体的位置信息；
1：　k=1←初始化采样时刻；	
2：　$\boldsymbol{L}(1)$ ←初始化编队任务分配；	
3：　for　i=1: n_N	
4：　　$\boldsymbol{J}_{Local}^{i}(k)$ ←智能体 i 利用自身的局部信息 $\boldsymbol{Y}_{Local}^{i}(k)$ 根据式（6-7）计算局部跟踪代价矩阵；	
5：　　$\boldsymbol{L}_{Local}^{i}(k)$ ←根据式（6-10）计算局部任务分配；	
6：　　if　$\boldsymbol{L}_{Local}^{i}(k) \neq \boldsymbol{L}(k)$	
7：　　　$sum\_c(k)$=$sum\_c(k)$+1←发起通信的智能体数目加 1；	
8：　　end	
9：　　$\boldsymbol{UxV}_i(k+1)$←利用 MPC 算法，根据式（6-7）获得的最优控制量 $\boldsymbol{u}^{i}(k)$ 进行跟踪路径动态规划，获得智能体 i 下一时刻的最优跟踪路径点。	
10：　end	
11：　k=k+1←由于传输时延 Δc 的存在，智能体 i 在 k 时刻发送的局部信息会在 $(k,k+1]$ 时间段内被其他智能体接收，因此编队内各智能体会在 k+1 时刻进行信息的融合处理；	
11：　if　sum_c(k)<$\left[\lfloor n_N/2 \rfloor+1, n_N\right]$	
12：　　$\boldsymbol{L}(k+1)=\boldsymbol{L}(k)$ ←编队任务分配保持不变；	
13：　　$\boldsymbol{UxV}(k+2)$←利用 MPC 算法，根据式（6-7）获得的最优控制量 $\boldsymbol{u}^{i}(k+1)$ 进行跟踪路径动态规划，获得各个智能体 k+2 时刻的跟踪最优路径点。	
14：　else	

续表

15：	for i=1: n_N
16：	$Y^i_{Shared}(k+1)$ ←智能体 i 根据式（6-5）更新自身的共享信息 $Y^i_{Shared}(k+1)$；
17：	$J^i_{Shared}(k+1)$ ←智能体 i 利用自身的共享信息 $Y^i_{Shared}(k+1)$ 根据式（6-7）计算共享跟踪代价矩阵；
18：	$L^i_{Shared}(k+1)$ ←根据式（6-10）计算共享任务分配；
19：	$L^i(k+1)$ ←智能体 i 根据式（6-11）的任务选择规则选择自身的任务分配；
20：	end
21：	$L(k+1)$ ←编队根据式（6-12）的任务更新规则更新编队的任务分配；
22：	$UxV(k+2)$←利用 MPC 算法，根据式（6-7）获得的最优控制量 $u^i(k+1)$ 进行跟踪路径动态规划，获得各智能体 k+2 时刻的最优跟踪路径点。
23：	end

6.5 仿真实验与分析

以海上多智能体编队协同执行目标跟踪任务为例，通过与基于实时通信决策机制的分布式任务规划算法进行对比，验证本章介绍的基于间歇式通信决策机制的分布式任务规划算法的有效性。

定义 2：基于实时通信决策机制的分布式任务规划算法是指智能体在每个采样时刻都发起通信，以实现智能体间的信息共享，在此基础上，根据协同目标跟踪分布式任务分配算法，实现编队跟踪目标的分配，根据路径规划算法实现目标跟踪路径的规划，完成目标跟踪任务。

6.5.1 实验环境与条件假设

在 AMD Athlon 处理器、CPU 主频为 3.1GHZ，内存为 4G 的实验平台上利用 Matlab 软件对本章介绍的基于间歇式通信决策机制的分布式任务规划算法的性能进行仿真验证。实验环境与条件假设如下。

① 海上多智能体编队由 3 架 UAV 构成，初始位置均为(500, 1500)m，速度分别为 160m/s，165m/s，170m/s，侧向加速度范围均为[−30, 30]m/s^2；

② 移动目标集合由 3 个移动目标构成，初始位置为(90, 4750)m，(910,

2860)m，(1200, 1430)m；

③ MPC 算法的时间步长 $step\_t$ 与采样间隔相等，均为 1.5s；

④ UAV 间的信息传输时延 Δc 小于 MPC 算法的时间步长；

⑤ 初始任务分配结果为：UAV_1 跟踪 $Target_3$，UAV_2 跟踪 $Target_2$，UAV_3 跟踪 $Target_1$。

6.5.2 仿真与分析

1. 通信效率

利用基于实时通信决策机制的分布式任务规划算法实现 3 架 UAV 对 3 个移动目标跟踪。在 100 个采样时刻内，3 架 UAV 发起通信的时刻和编队任务分配更新的时刻如图 6-3 所示，3 架 UAV 跟踪 3 个目标的跟踪轨迹如图 6-4 所示。

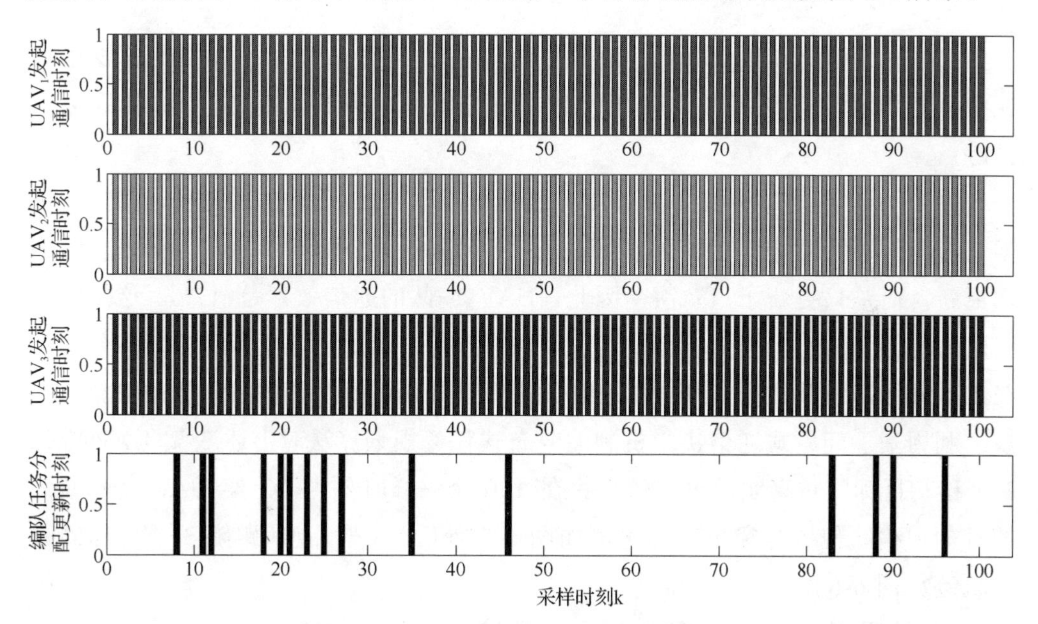

图 6-3 基于实时通信决策机制的 UAV 发起通信的时刻和编队任务分配更新的时刻

在图 6-3 中，竖线表示 3 架 UAV 发起通信的时刻和编队任务分配更新的时刻。在图 6-4 中，“×”表示 $Target_1$ 的移动轨迹，“◇”表示 $Target_2$ 的移动轨迹，“*”表示 $Target_3$ 的移动轨迹；“+”表示 UAV_1 的跟踪轨迹，“o”表示 UAV_2 的

跟踪轨迹，“·”表示 UAV_3 的跟踪轨迹；实线表示 k 时刻 UAV 的任务分配结果，虚线表示 $k+1$ 时刻 UAV 的任务分配结果。

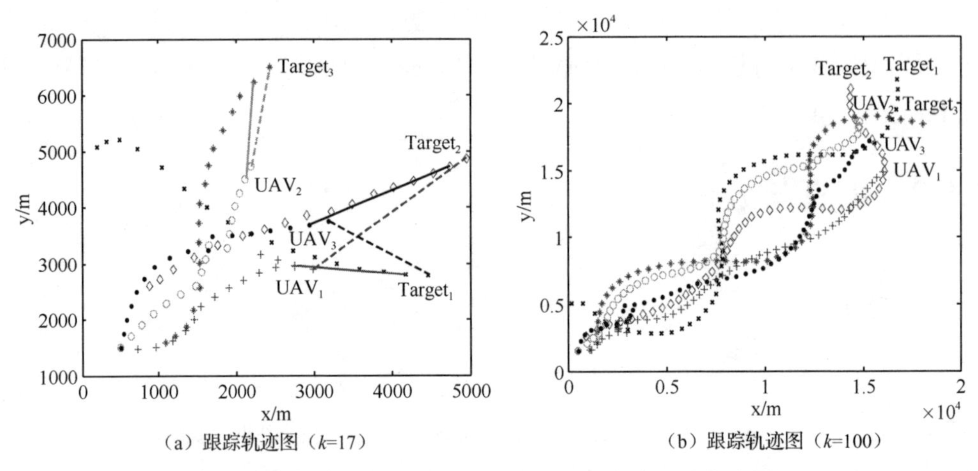

（a）跟踪轨迹图（k=17）　（b）跟踪轨迹图（k=100）

图 6-4　基于实时通信决策机制的 UAV 编队跟踪轨迹图

由图 6-3 和图 6-4 可知，基于实时通信决策机制的分布式任务规划算法能够在编队性能约束下进行跟踪任务的动态重分配，实现编队对 3 个移动目标的跟踪。

如图 6-3 所示，根据实时通信决策机制，在 100 个采样时刻里，编队内每架 UAV 在每个采样时刻都发起了通信，但编队任务分配并不是在每个采样时刻都更新，而是只更新了 17 次，因此，UAV 编队的通信效率是 17%。这是因为编队内每架 UAV 都需要根据式（6-11）的任务选取规则更新自身的任务分配，在此基础上，编队根据式（6-12）的任务更新规则进行编队任务分配的更新。

利用基于间歇式通信决策机制的分布式任务规划算法对上述 3 架 UAV 跟踪 3 个移动目标的仿真实验进行仿真。在 100 个采样时刻内，3 架 UAV 发起通信的时刻和编队任务分配更新的时刻如图 6-5 所示，3 架 UAV 跟踪 3 个目标的跟踪轨迹如图 6-6 所示。

根据间歇式通信决策机制，在目标跟踪过程中，UAV_i（$i=1,2,3$）在每个采样时刻都需要根据局部跟踪代价矩阵 $\boldsymbol{J}_{Local}^{i}(k)$ 计算自身的局部任务分配 $\boldsymbol{L}_{Local}^{i}(k)$ 以判断在当前时刻是否需要发起通信。如果在采样时刻 k，编队内有 UAV 发起通信，则在采样时刻 $k+1$，UAV_i 需要根据共享跟踪代价矩阵 $\boldsymbol{J}_{Shared}^{i}(k+1)$ 计算自身的共享任务分配 $\boldsymbol{L}_{Shared}^{i}(k+1)$，并根据式（6-11）的任务选择规则选择自身的

任务分配 $\boldsymbol{L}^i(k+1)$。在此基础上，编队根据式（6-12）的任务更新规则更新编队的任务分配 $\boldsymbol{L}(k+1)$。

如图 6-5 所示，根据间歇式通信决策机制，在 100 个采样时刻里，UAV_i（$i=1,2,3$）发起通信的次数分别为 17 次、17 次和 16 次，编队任务分配改变的次数为 13 次，因此，UAV_i（$i=1,2,3$）的通信效率分别为 76.47%、76.47%和 81.25%，UAV 编队的通信效率是 78.00%。

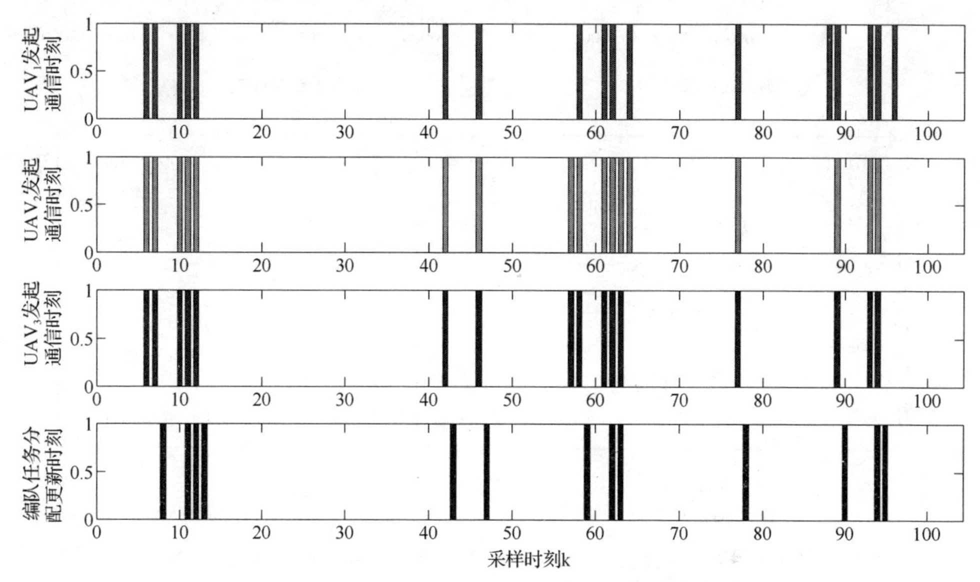

图 6-5　基于间歇式通信决策机制的 UAV 发起通信的时刻和编队任务分配更新的时刻

在采样时刻 $k=6$，3 架 UAV 的局部跟踪代价矩阵如图 6-7 所示，图中加粗部分表示当前时刻 3 架 UAV 的局部任务分配 $\boldsymbol{L}^i_{Local}(6)$（$i=1,2,3$）。由图 6-7 可知，当前时刻 3 架 UAV 的局部任务分配 $\boldsymbol{L}^i_{Local}(6)$（$i=1,2,3$）与当前编队的任务分配 $\boldsymbol{L}(6)$（UAV_1 跟踪 Target_3，UAV_2 跟踪 Target_2，UAV_3 跟踪 Target_1）冲突。因此，根据间歇式通信决策机制，3 架 UAV 均发起通信。由于信息传输时延 Δc 的存在，在采样时刻 $k=7$，UAV_i（$i=1,2,3$）根据自身的共享跟踪代价矩阵计算自身共享的任务分配 $\boldsymbol{L}^i_{Shared}(7)$（$i=1,2,3$），如图 6-8 所示，图中加粗部分表示当前时刻 3 架 UAV 的共享任务分配结果。在此基础上，UAV_i（$i=1,2,3$）根据式（6-11）的任务选择规则选择自身的任务分配 $\boldsymbol{L}^i(7)$。由于 $\boldsymbol{L}^i(7)=\boldsymbol{L}(6)$（$i=1,2,3$），根据任务一致性的定义，编队任务分配保持不变，即 $\boldsymbol{L}(7)=\boldsymbol{L}(6)$，编队内各架 UAV 仍按照原来的任务分配跟踪目标，如图 6-6（a）所示。

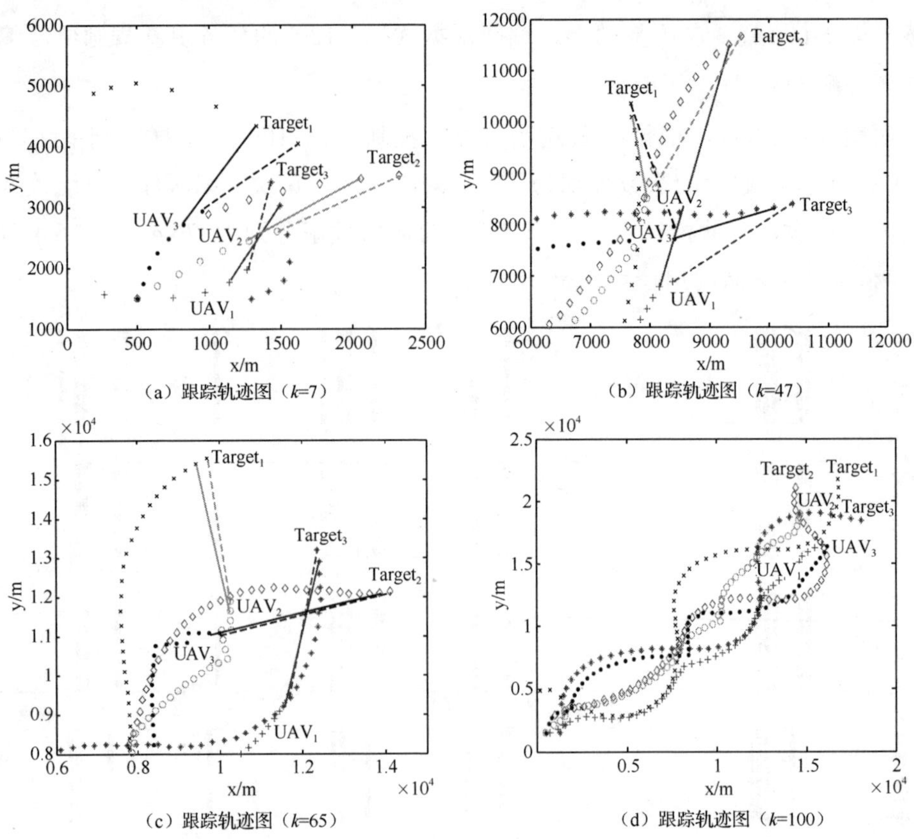

（a）跟踪轨迹图（k=7）　（b）跟踪轨迹图（k=47）

（c）跟踪轨迹图（k=65）　（d）跟踪轨迹图（k=100）

图 6-6　基于间歇式通信决策机制的 UAV 编队跟踪轨迹图

$J^1_{Local_{im}}(6)$	Target_1	Target_2	Target_3
UAV_1	16934	**11512**	18866
UAV_2	19250	11319	**17876**
UAV_3	**18977**	13603	24603

（a）$\boldsymbol{J}^1_{Local}(6)$和$\boldsymbol{L}^1_{Local}(6)$

$J^2_{Local_{im}}(6)$	Target_1	Target_2	Target_3
UAV_1	**17002**	11594	18876
UAV_2	19220	11200	**17920**
UAV_3	18916	**13484**	24687

（b）$\boldsymbol{J}^2_{Local}(6)$和$\boldsymbol{L}^2_{Local}(6)$

$J^3_{Local_{im}}(6)$	Target_1	Target_2	Target_3
UAV_1	**16874**	11609	18854
UAV_2	19155	11212	**18047**
UAV_3	18898	**13509**	24740

（c）$\boldsymbol{J}^3_{Local}(6)$和$\boldsymbol{L}^3_{Local}(6)$

图 6-7　3 架 UAV 的局部跟踪代价矩阵和局部任务分配（k=6）

$J^1_{Shared_{im}}(7)$	Target_1	Target_2	Target_3
UAV_1	16934	**11524**	18863
UAV_2	19241	11302	**17892**
UAV_3	**18966**	13587	24619

（a）$\boldsymbol{J}^1_{Shared}(7)$和$\boldsymbol{L}^1_{Shared}(7)$

$J^2_{Shared_{im}}(7)$	Target_1	Target_2	Target_3
UAV_1	**16987**	11589	18877
UAV_2	19217	11210	**17927**
UAV_3	18920	**13493**	24684

（b）$\boldsymbol{J}^2_{Shared}(7)$和$\boldsymbol{L}^2_{Shared}(7)$

$J^3_{Shared_{im}}(7)$	Target_1	Target_2	Target_3
UAV_1	**16888**	11602	18857
UAV_2	19166	11219	**18021**
UAV_3	18905	**13515**	24726

（c）$\boldsymbol{J}^3_{Shared}(7)$和$\boldsymbol{L}^3_{Shared}(7)$

图 6-8　3 架 UAV 的共享跟踪代价矩阵和共享任务分配（k=7）

在采样时刻 $k=46$，根据间歇式通信决策机制，3 架 UAV 都发起了通信。由于信息传输时延 Δc 的存在，在采样时刻 $k=47$，UAV_i（$i=1,2,3$）计算自身的共享任务分配 $\boldsymbol{L}^i_{Shared}(47)$（$i=1,2,3$）并根据式（6-11）的任务选择规则选择自身的任务分配 $\boldsymbol{L}^i(47)$。由于 $\boldsymbol{L}^i(47)=\boldsymbol{L}^i_{Shared}(47)$（$i=1,2,3$），$\mathrm{UAV}_i$（$i=1,2,3$）需要确认共享任务分配是否一致，以满足编队任务分配的一致性。由于 $\boldsymbol{L}^1_{Shared}(47)=\boldsymbol{L}^2_{Shared}(47)=\boldsymbol{L}^3_{Shared}(47)$，因此编队任务分配改变，即 $\boldsymbol{L}(47)=\boldsymbol{L}^1_{Shared}(47)$，编队内各架 UAV 按照新的任务分配跟踪目标，如图 6-6（b）所示。

同理，在采样时刻 $k=64$，根据间歇式通信决策机制，UAV_2 和 UAV_3 发起了通信，UAV_1 不发起通信。由于信息传输时延 Δc 的存在，在采样时刻 $k=65$，UAV_i（$i=1,2,3$）计算自身共享任务分配 $\boldsymbol{L}^i_{Shared}(65)$（$i=1,2,3$），并根据式（6-11）的任务选择规则选择自身的任务分配 $\boldsymbol{L}^i(65)$。由于 UAV_2 和 UAV_3 选择的任务分配结果分别是 $\boldsymbol{L}^2(65)=\boldsymbol{L}(64)$ 和 $\boldsymbol{L}^3(65)=\boldsymbol{L}(64)$，根据任务一致性的定义，编队任务分配保持不变，即 $\boldsymbol{L}(65)=\boldsymbol{L}(64)$，编队内各架 UAV 仍按照原来的任务分配跟踪目标，如图 6-6（c）所示。

由以上分析可知，在分布式控制方式下，3 架 UAV 利用较少的通信次数实现了对 3 个移动目标的跟踪，跟踪轨迹如图 6-6（d）所示。然而，在协同目标跟踪的过程中，如果 UAV_i（$i=1,2,3$）的局部任务分配的跟踪代价与次优的局部任务分配的跟踪代价相差不大时，根据间歇式通信决策机制，可能会造成 UAV_i（$i=1,2,3$）频繁地发起通信，而编队的任务分配保持不变。针对该问题，对所介绍的间歇式通信决策机制进行改进，改进的通信决策机制见式（6-14）。

$$D^i_p(k)=\begin{cases}\text{通信}, & \boldsymbol{L}^i_{Local}(k)\neq\boldsymbol{L}(k)\ \&\ \boldsymbol{L}^i_{Local}(k)=\boldsymbol{L}^i_{Local}(k-1)\\ \text{不通信}, & \text{其他}\end{cases} \tag{6-14}$$

通过与式（6-1）的间歇式通信决策机制相比，改进的通信决策机制在间歇式通信决策机制的基础上又增加了一个限制条件 $\boldsymbol{L}^i_{Local}(k)=\boldsymbol{L}^i_{Local}(k-1)$，进一步确保局部任务分配结果 $\boldsymbol{L}^i_{Local}(k)$ 足以改变编队的任务分配结果，从而确保通信效率。

利用基于改进的通信决策机制的分布式任务规划算法对上述 3 架 UAV 跟踪 3 个移动目标的仿真实验进行仿真。在 100 个采样时刻内，3 架 UAV 发起通信的时刻和编队任务分配更新的时刻如图 6-9 所示，3 架 UAV 跟踪 3 个目标的跟踪轨迹如图 6-10 所示。

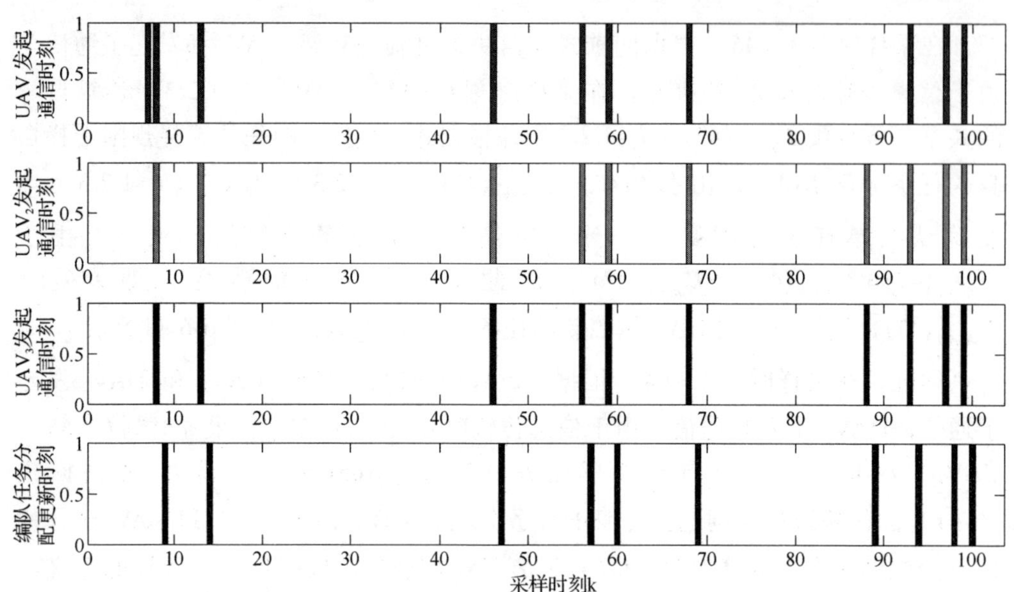

图 6-9 基于改进的通信决策机制的 UAV 发起通信的时刻和编队任务分配更新的时刻

如图 6-9 所示，在目标跟踪过程中，根据改进的通信决策机制，如果当前时刻有 UAV 发起通信，则下一时刻编队的任务分配几乎也会改变。即相对于间歇式通信决策机制，改进的通信决策机制避免了由于局部跟踪代价与次优的局部跟踪代价相差不大时而引起的频繁通信，进一步提高了通信效率。

由图 6-5 和图 6-9 可知，从采样时刻 $k=1$ 到采样时刻 $k=6$，基于间歇式通信决策机制的 3 架 UAV 发起通信的时刻和任务分配更新的时刻与基于改进的通信决策机制的 3 架 UAV 发起通信的时刻和任务分配更新的时刻都一样。在采样时刻 $k=6$，3 架 UAV 的局部任务分配 $\boldsymbol{L}_{Local}^{i}(6)$（$i=1,2,3$）如图 6-7 所示，该局部任务分配结果不仅与当前编队的任务分配结果 $\boldsymbol{L}(6)$（UAV_1 跟踪 $Target_3$，UAV_2 跟踪 $Target_2$，UAV_3 跟踪 $Target_1$）冲突，也与各架 UAV 上一时刻的局部任务分配结果 $\boldsymbol{L}_{Local}^{i}(5)$（$i=1,2,3$）冲突（由于在采样时刻 $k=6$，UAV 并未发起通信，因此 $\boldsymbol{L}_{Local}^{i}(5)=\boldsymbol{L}(5)$）。根据间歇式通信决策机制，3 架 UAV 均发起通信，然而编队任务分配并未改变，如图 6-5 所示。而根据改进的通信决策机制，3 架 UAV 并不发起通信，编队的任务分配结果也不会发生改变，如图 6-9 所示。

在采样时刻 $k=8$，根据改进的通信决策机制，3 架 UAV 都发起了通信。在采样时刻 $k=8$，编队任务分配改变。编队内各架 UAV 按照新的任务分配跟踪目

标，如图 6-10（a）所示。同理，在采样时刻 $k=46$，3 架 UAV 都发起通信，在采样时刻 $k=47$，编队任务分配改变，如图 6-10（b）所示。在采样时刻 $k=88$，UAV_2 和 UAV_3 发起通信，UAV_1 未发起通信。根据编队任务更新规则，编队任务分配改变，因此，在采样时刻 $k=89$，UAV_2 和 UAV_3 按照新的任务分配跟踪目标，UAV_1 被强制改变跟踪目标，如图 6-10（c）所示。跟踪轨迹如图 6-10（d）所示。

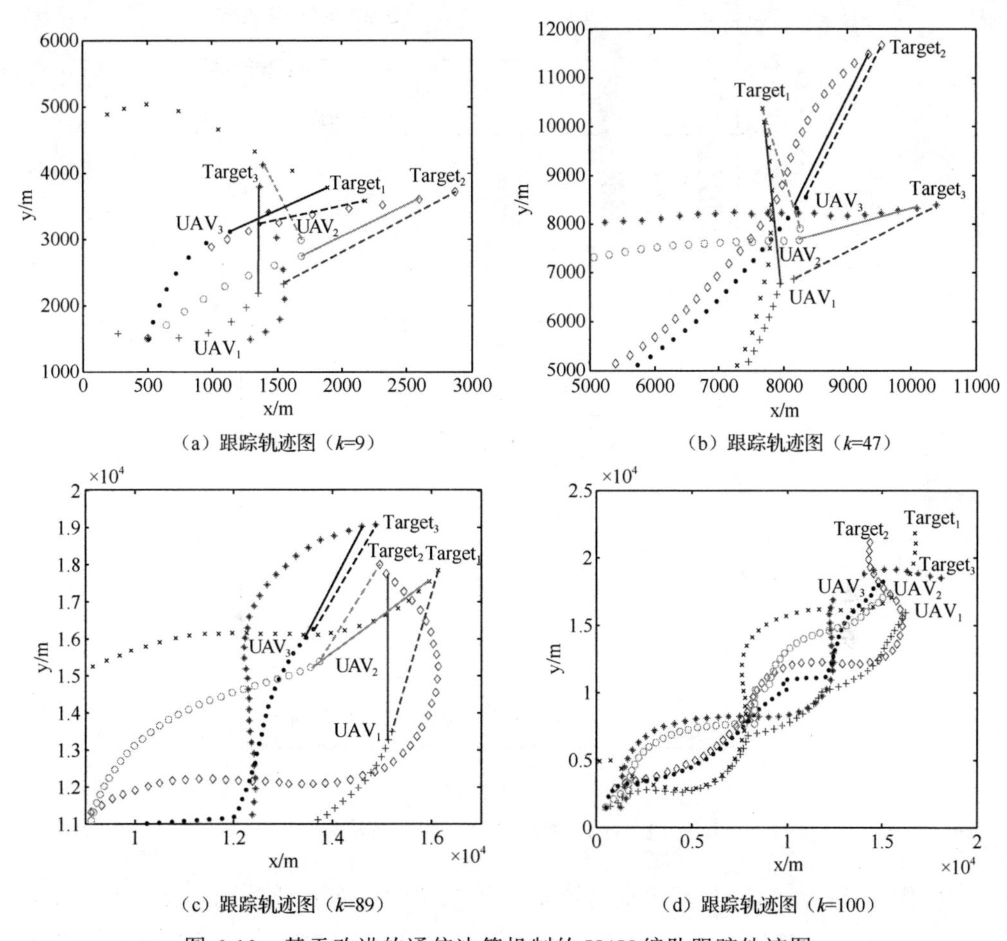

（a）跟踪轨迹图（k=9）

（b）跟踪轨迹图（k=47）

（c）跟踪轨迹图（k=89）

（d）跟踪轨迹图（k=100）

图 6-10 基于改进的通信决策机制的 UAV 编队跟踪轨迹图

2. 能量消耗

利用文献[151]中的能量消耗模型，进一步验证所介绍的算法的有效性。该能量消耗模型不仅考虑了收发信息的能量消耗，也考虑了信息处理的能量消耗。发送信息的能量消耗与发送信息的数据量大小和收发距离有关；接收信息的能量消耗与接收信息的数据量大小有关；信息处理的能量消耗与处理信息的数据量大小有关。在 100 个采样时刻里，3 架 UAV 的总能量消耗如图 6-11 所示，UAV 编队各采样时刻的能量消耗如图 6-12 所示。

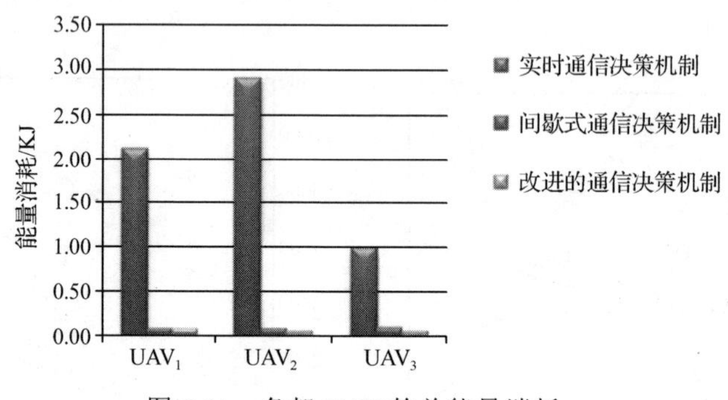

图 6-11　各架 UAV 的总能量消耗

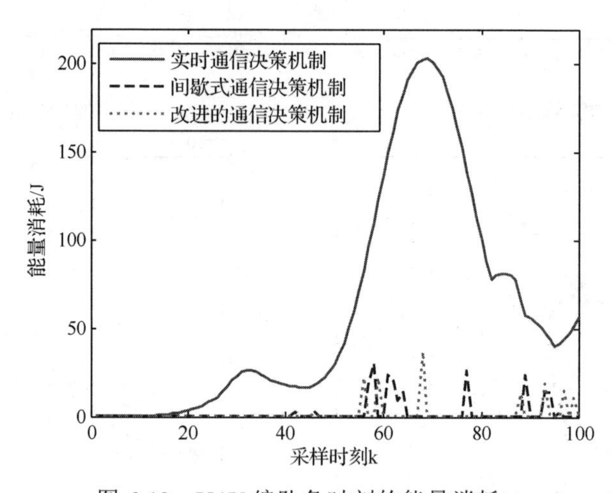

图 6-12　UAV 编队各时刻的能量消耗

由图 6-11 可知，与基于实时通信决策机制的分布式任务规划算法相比，基于间歇式通信决策机制的分布式任务规划算法和基于改进的通信决策机制的分布式任务规划算法大大降低了各架 UAV 的总通信能耗。其中，基于实时通信决策机制的分布式任务规划算法的总通信能耗最大，基于间歇式通信决策机制的分布式任务规划算法的总通信能耗次之，基于改进的通信决策机制的分布式任务规划算法的总通信能耗最低。

由图 6-12 可知，与基于实时通信决策机制的分布式任务规划算法相比，基于间歇式通信决策机制的分布式任务规划算法和基于改进的通信决策机制的分布式任务规划算法大大降低了编队各采样时刻的通信能耗，这是由于这两种算法的通信决策机制充分考虑了通信效率，当且仅当 UAV 的局部信息足以改变编队当前的任务分配时才发起通信，从根本上大大降低了通信次数，从而降低了通信能耗。

通过上述仿真实验，发现智能体跟踪多个移动目标时，由于目标运动状态存在不确定性，智能体间通过适当的信息交互，能够实现编队任务分配和跟踪路径的动态规划，确保智能体编队任务执行效能的最大化。

6.6 本章小结

本章对海上多智能体协同跟踪多个移动目标问题进行了详细阐述。首先，对分布式控制方式下，多智能体协同跟踪多个移动目标的跟踪过程进行了详细描述，将其分解为通信决策、任务分配和路径规划三个子问题；其次，针对分解的三个子问题，给出了相应的解决方案：①介绍了一种间歇式通信决策机制，用于判断智能体间是否发起通信，以进行信息共享和数据传递，降低了智能体间的通信次数，提高了通信效率，节省了通信资源；②提出了一种基于任务一致性的分布式动态任务分配算法，该算法在编队态势信息达成共识的基础上，利用任务一致性思想建立分布式动态任务分配模型，达成编队跟踪任务分配的共识，确保编队任务执行效能的最大化；③将任务分配模型的代价函数与 MPC 算法相结合实现了跟踪路径的在线动态规划，确保了编队以最小的跟踪代价实现对各移动目标的跟踪；最后，通过仿真实验验证本章所介绍的基于间歇式通信决策机制的分布式任务规划算法的有效性。仿真结果表明该算法能够通过智能体间适当的信息交互，实现编队任务分配和跟踪路径的动态规划，确保智能体编队任务执行效能的最大化。

附录A

图目录

附录B

表目录

参考文献

[1]新华网. 十八大报告中首提海洋强国具有重要意义[EB/OL]. http://www.qh.xinhuanet.com/2012-11/11/c_113657965.htm, 2012.11.11.

[2] U.S. Office of the Secretary of Defense. FY2013-2038 Unmanned Systems Integrated Roadmap [R]. USA: Department of Defense 2013.

[3] Valada A, Velagapudi P, Kannan B, et al. Development of a low cost multi-robot autonomous marine surface platform [C] //Field and Service Robotics. Springer Publisher, 2014: 643-658.

[4] Evers L, Dollevoet T, Barros A I, et al. Robust UAV mission planning [J]. Annals of Operations Research, 2014, 222(1): 293-315.

[5] Grøtli E I, Johansen T A . Path-and data transmission planning for cooperating UAVs in delay tolerant network [C] //Proceedings of 2012 IEEE Globecom Workshops. IEEE Publisher, 2012: 1568-1573.

[6] 魏瑞轩，茹常剑，祁晓明. 通信延迟条件下无人机编队重构的自主安全控制[J]. 控制理论与应用，2013, 30(9): 1009-1108.

[7] Fadlullah Z M, Takaishi D, Nishiyama H, et al. A dynamic trajectory control algorithm for improving the communication throughput and delay in UAV-aided networks [J]. IEEE Network, 2016, 30(1): 100-105.

[8] Gupta L, Jain R, Vaszkun G . Survey of important issues in UAV communication networks [J]. IEEE Communications Surveys & Tutorials, 2015, 18(2): 1123-1152.

[9] Li J J, Zhang R B, Yang Y . Meta-heuristic ant colony algorithm for multi-tasking assignment on collaborative AUVs [J]. International Journal of Grid & Distributed Computing, 2015, 8(3): 271-273.

[10] Senthilnath J, Omkar S N, Mani V, et al. Cooperative communication of UAV to perform multi-task using nature inspired techniques [C] //Proceedings of the

2013 IEEE Symposium on Computational Intelligence for Security and Defense Applications. IEEE Publisher, 2013: 45-50.

[11] Hinrichs C, Sonnenschein M . The Effects of Variation on Solving a Combinatorial Optimization Problem in Collaborative Multi-Agent Systems [C] //Proceedings of the 2014 German Conference on Multi-agent System Technologies. Springer Publisher, 2014: 170-187.

[12] Korsah G A, Stentz A, Dias M B. A comprehensive taxonomy for multi-robot task allocation [J]. The International Journal of Robotics Research, 2013, 32(12): 1495-1512.

[13] 蔡自兴，陈白帆，刘丽珏. 多移动机器人协同原理与技术[M]. 北京：国防工业出版社，2011.

[14] Matai R, Singh S P, Mittal M L. Traveling salesman problem: An overview of applications, formulations, and solution approaches [J]. Traveling Salesman Problem, Theory and Applications, 2010, 32(4): 1-24.

[15] Weinstein A, Schumacher C. UAV scheduling via the vehicle routing problem with time windows [C] //Proceedings of the 2007 AIAA Infotech@ Aerospace Conference and Exhibit. AIAA Publisher, 2007: AIAA 2007-2839.

[16] Jiang J, Ng K M, Poh K L, et al. Vehicle routing problem with a heterogeneous fleet and time windows [J]. Expert Systems with Applications, 2014, 41(8): 3748-3760.

[17] Adbelhafiz M, Mostafa A, Girard A. Vehicle routing problem instances: Application to multi-UAV mission planning [C] //Proceedings of the 2010 AIAA Guidance, Navigation, and Control Conference. AIAA Publisher, 2010: AIAA 2010-8435.

[18] Shetty V K, Sudit M, Nagi R. Priority-based assignment and routing of a fleet of unmanned combat aerial vehicles [J]. Computers & Operations Research, 2008, 35(6): 1813-1828.

[19] Nygard K E, Chandler P R, Pachter M. Dynamic network flow optimization models for air vehicle resource allocation [C] //Proceedings of the 2001 American Control Conference. IEEE Publisher, 2001: 1853-1858.

[20] 崔亚妮，任佳，杜文才. 战场环境下多无人机时敏任务动态分配算法[J]. 系统工程与电子技术，2016, 34(4): 828-835.

[21] Liu C, Liu S Y, Carano E L, et al. A framework for autonomous vehicles with goal inference and task allocation capabilities to support peer collaboration with human agents [J]. Ultrasonics Sonochemistry, 2014, 14(6): 689-694.

[22] 梁国伟，王社伟，赵雪森. 多无人机协同任务分配方法[J]. 火力与指挥控制，2014, 39(11): 13-17.

[23] Xu M, Wang S, Tao J, et al. Research on cooperative task allocation for multiple UCAVs based on modified co-evolutionary genetic algorithm [C] //Proceedings of the 2013 International Conference on Computational and Information Sciences. IEEE Publisher, 2013: 125-128.

[24] Kim M H, Baik H, Lee S. Resource welfare based task allocation for UAV team with resource constraints [J]. Journal of Intelligent & Robotic Systems, 2015, 77(3): 611-627.

[25] 谭何顺，曹雷，彭辉，等. 一种多无人机层次化任务分配方法[J]. 解放军理工大学学报自然科学版，2014, 15(1): 18-24.

[26] Dahl T S, Matarić M, Sukhatme G S. Multi-robot task allocation through vacancy chain scheduling [J]. Robotics and Autonomous Systems, 2009, 57(6): 674-687.

[27] 韩伟. 无人机对地时敏多目标攻击决策技术研究[D]. 南京：南京航空航天大学，2013.

[28] Cui R, Gao J G B. Game theory-based negotiation for multiple robots task allocation [J]. Robotica, 2013, 31(6): 923-934.

[29] Ping L I, Yang Y M. Game theory based task allocation algorithm for multi-robot systems [J]. Application Research of Computers, 2013, 30(2): 392-395.

[30] Wan X P, Li S Y. Dynamic task allocation based on game theory [J]. Advanced Materials Research, 2014, 926: 2790-2794.

[31] 邸斌，周锐，丁全心. 多无人机分布式协同异构任务分配[J]. 控制与决策，2013, 28(2): 117-121.

[32] 陈英武，蔡怀平，邢立宁. 动态武器目标分配问题中策略优化的改进

算法[J]. 系统工程理论与实践，2007, 27(7): 160-165.

[33] Nagarajan R, Solairaju A. Computing improved fuzzy optimal Hungarian assignment problems with fuzzy costs under robust ranking techniques [J]. International Journal of Computer Applications, 2010, 25(4): 6-13.

[34] Jeong B M, Ha J S, Choi H L. MDP-based mission planning for multi-UAV persistent surveillance [C] //Proceedings of the 2014 International Conference on Control, Automation and Systems. IEEE Publisher, 2014: 831-834.

[35] Tolmidis A T, Petrou L. Multi-objective optimization for dynamic task allocation in a multi-robot system [J]. Engineering Applications of Artificial Intelligence, 2013, 26(5): 1458-1468.

[36] Krishnamoorthy K, Pachter M, Chandler P, et al. UAV perimeter patrol operations optimization using efficient dynamic programming [C] //Proceedings of the 2011 American Control Conference. IEEE Publisher, 2011: 462-467.

[37] Thi H A L, Nguyen D M, Tao P D. Globally solving a nonlinear UAV task assignment problem by stochastic and deterministic optimization approaches [J]. Optimization Letters, 2012, 6(2): 315-329.

[38] Cai B, Huang S, Liu D, et al. Multiobjective optimization for autonomous straddle carrier scheduling at automated container terminals [J]. IEEE Transactions on Automation Science & Engineering, 2013, 10(3): 711-725.

[39] Miklic D, Bogdan S, Nestic S, et al. A discrete grid abstraction for formation control in the presence of obstacles [C] //Proceedings of the 2009 IEEE/RSJ International Conference on Intelligent Robots and Systems. IEEE Publisher, 2009: 3750-3755.

[40] Zhao W, Meng Q, Chung P W H. A heuristic distributed task allocation method for multivehicle multitask problems and its application to search and rescue scenario [J]. IEEE transactions on cybernetics, 2016, 46(4): 902-915.

[41] Alighanbari M, Kuwata Y, How J P. Coordination and control of multiple UAVs with timing constraints and loitering [C] //Proceedings of the 2003 American Control Conference. IEEE Publisher, 2003: 5311-5316.

[42] 王慧林，伍国华，马满好. 多类异构对地观测平台协同任务规划方法

[J]. 航空学报，2016，37(3): 997-1014.

[43] Wu W, Li L, Yao X. Improved simulated annealing algorithm for task allocation in real-time distributed systems [C] //Proceedings of the 2014 International Conference on Signal Processing, Communications and Computing. IEEE Publisher, 2014: 50-54.

[44] Darrah M, Fuller E, Munasinghe T, et al. Using genetic algorithms for tasking teams of raven UAVs [J]. Journal of Intelligent & Robotic Systems, 2013, 70(1): 361-371.

[45] Geng L, Zhang Y F, Wang J J, et al. Cooperative task planning for multiple unmanned aerial vehicles using a genetic algorithm [J]. Control and Intelligent Systems, 2014, 42(2): 186-195.

[46] Zhao Z, Lu G . Receding horizon control for cooperative search of multi-UAVs based on differential evolution [J]. International Journal of Intelligent Computing and Cybernetics, 2012, 5(1): 145-158.

[47] Tao J, Tian Y, Meng X. Cooperative task allocation for Unmanned Combat Aerial Vehicles using improved ant colony algorithm [C] //Proceedings of the 2008 IEEE Conference on Cybernetics and Intelligent Systems. IEEE Publisher, 2008: 1220-1225.

[48] 姜健，臧希喆，闫继宏，等. 基于一种蚁群算法的多机器人动态感知任务分配[J]. 机器人，2008, 30(3): 254-258.

[49] 李炜，张伟. 基于粒子群算法的多无人机任务分配方法[J]. 控制与决策，2010, 25(9): 1359-1363.

[50] Chen J, Yang Y, Wu Y . Multi-robot task allocation based on the modified particle swarm optimization algorithm [C] //Proceedings of the 2011 International Conference on Natural Computation. IEEE Publisher, 2011: 1744-1749.

[51] Oh G, Kim Y, Ahn J, et al. PSO-based optimal task allocation for cooperative timing missions [J]. IFAC-PapersOnLine, 2016, 49(7): 314-319.

[52] 贺小亮，毕义明. 基于模拟退火遗传算法的编队对地攻击火力分配建模与优化[J]. 系统工程与电子技术，2014, 36(5): 900-904.

[53] Jiang J, Liu H, Feng H, et al. Embedded static task allocation and

scheduling based on simulated annealing and genetic algorithm [J]. Journal of Computational Information Systems, 2014, 10(4): 1465-1472.

[54] Shang K, Karungaru S, Feng Z, et al. A GA-ACO hybrid algorithm for the multi-UAV mission planning problem [C] //Proceedings of the 2014 International Symposium on Communications and Information Technologies. IEEE Publisher, 2014: 243-248.

[55] Cui Yani, Ren Jia, Du Wencai, et al. UAVs target tracking algorithm based on task allocation consensus [J]. Journal of Systems Engineering and Electronics, 2016, 27(6): 1207-1218.

[56] Bakker T. Dynamic task allocation for unmanned aircraft systems [D]. Virginia: Virginia Commonwealth University, 2014.

[57] Shima T, Rasmussen S J, Chandler P. UAV team decision and control using efficient collaborative estimation [C] //Proceedings of the 2005 American Control Conference, IEEE Publisher. 2005: 4107-4112.

[58] Carli R, Chiuso A, Schenato L, et al. Distributed Kalman filtering using consensus strategies [C] //Proceedings of the 2007 IEEE Conference on Decision and Control, IEEE Publisher, 2007: 5486-5491.

[59] Beard R W, McLain T W, Nelson D B, et al. Decentralized cooperative aerial surveillance using fixed-wing miniature UAVs [J]. Proceedings of the IEEE, 2006, 94(7): 1306-1324.

[60] Peterson J D, Yucelen T, Chowdhary G, et al. Exploitation of heterogeneity in distributed sensing: An active-passive networked multiagent systems approach [C] //Proceedings of the 2015 American Control Conference. IEEE Publisher, 2015: 4112-4117.

[61] Ren W, Beard R W, Mclain T W. Coordination variables and consensus building in multiple vehicle systems [J]. Lecture Notes in Control & Information Sciences, 2005, 309: 439-442.

[62] Peterson J D, Yucelen T. Application of active-passive dynamic consensus filter approach to multitarget tracking problem for situational awareness in unknown environments [C] //Proceedings of the 2016 AIAA Guidance, Navigation, and Control

Conference. AIAA Publisher, 2016: AIAA 2016-1857.

[63] MacKenzie D C. Collaborative tasking of tightly constrained multi-robot missions [C] //Proceedings of the 2003 International Workshop on Multi-Robot Systems. Kluwer Academic Publishers, 2003: 39-50.

[64] Amelin K, Amelina N, Granichin O, et al. Task allocation algorithm for the cooperating group of light autonomous unmanned aerial vehicles [J]. IFAC Proceedings Volumes, 2013, 46(30): 152-155.

[65] Smith R G. The contract net protocol: High-level communication and control in a distributed problem solver [J]. IEEE Transactions on Computers, 1980, C-29(12): 1104-1113.

[66] Liang J. Research on distributed task allocation algorithm for unmanned aerial vehicles based on consensus theory [C] //Proceedings of the 2016 Chinese Control and Decision Conference. IEEE Publisher, 2016: 4892-4897.

[67] 梁志伟，沈杰，杨祥，等. RoboCup 机器人救援仿真中基于拍卖的任务分配算法[J]. 机器人，2013, 35(4): 410-416.

[68] Choi H L, Brunet L, How J P. Consensus-based decentralized auctions for robust task allocation [J]. IEEE Transactions on Robotics, 2009, 25(4): 912-926.

[69] Choi H L, Whitten A K, How J P. Decentralized task allocation for heterogeneous teams with cooperation constraints [C] //Proceedings of the 2010 American Control Conference. IEEE Publisher, 2010: 3057-3062.

[70] Johnson L, Ponda S, Choi H L, et al. Asynchronous decentralized task allocation for dynamic environments [C] //Proceedings of the 2011 AIAA Infotech @ Aerospace Conference. AIAA Publisher, 2011, AIAA 2011-1441.

[71] Whitten A K, Choi H L, Johnson L B, et al. Decentralized task allocation with coupled constraints in complex missions [C] //Proceedings of the 2011 American Control Conference. IEEE Publisher, 2011: 1642-1649.

[72] Johnson L B. Decentralized task allocation for dynamic environments [D]. Massachusetts: Massachusetts Institute of Technology, 2012.

[73] Raja P, Pugazhenthi S. Optimal path planning of mobile robots: A review [J]. International Journal of Physical Sciences, 2012, 7(9): 1314-1320.

[74] 张琦. 移动机器人的路径规划与定位技术研究[D]. 哈尔滨: 哈尔滨工业大学，2014.

[75] Tsourdos A, White B, Shanmugavel M. Cooperative Path Planning of Unmanned Aerial Vehicles [M]. John Wiley & Sons, 2010.

[76] Khaili M E. Visibility graph for path planning in the presence of moving obstacles [J]. Engineering Science and Technology: An International Journal, 2014, 4(4): 118-123.

[77] Chen X, Chen X, Xu G . The path planning algorithm studying about UAV attacks multiple moving targets based on Voronoi diagram [J]. International Journal of Control & Automation, 2016, 9(1): 281-292.

[78] Tan G Z, He H, Sloman A. Ant colony system algorithm for real-time globally optimal path planning of mobile robots [J]. Acta Automatica Sinica, 2007, 33(3): 279-285.

[79] 王殿君. 基于改进 A~*算法的室内移动机器人路径规划[J]. 清华大学学报自然科学版，2012, 52(8): 1085-1089.

[80] Jose K, Pratihar D K. Task allocation and collision-free path planning of centralized multi-robots system for industrial plant inspection using heuristic methods [J]. Robotics & Autonomous Systems, 2016, 80: 34-42.

[81] Turker T, Sahingoz O K, Yilmaz G . 2D path planning for UAVs in radar threatening environment using simulated annealing algorithm [C] //Proceedings of the 2015 International Conference on Unmanned Aircraft Systems. IEEE Publisher, 2015: 56-61.

[82] 巩敦卫，曾现峰，张勇. 基于改进模拟退火算法的机器人全局路径规[J]. 系统仿真学报，2013, 25(3): 480-483.

[83] Wang H, Wentao L, Peng Y, et al. Three-dimensional path planning for unmanned aerial vehicle based on interfered fluid dynamical system [J]. Chinese Journal of Aeronautics, 2015, 28(1): 229-239.

[84] Sonmez A, Kocyigit E, Kugu E. Optimal path planning for UAVs using genetic algorithm [C] //Proceedings of the 2015 International Conference on Unmanned Aircraft Systems. IEEE Publisher, 2015: 50-55.

[85] Oz I, Topcuoglu H R, Ermis M. A meta-heuristic based three-dimensional path planning environment for unmanned aerial vehicles [J]. Simulation, 2013, 89(8): 903-920.

[86] Sariff N B, Buniyamin N. Genetic algorithm versus ant colony optimization algorithm-comparison of performances in robot path planning application [C] //Proceedings of the 2010 International Workshop on Multi-Robot Systems. Conference on Informatics in Control, Automation and Robotics. IEEE Publisher, 2010: 125-132.

[87] Sariff N B, Buniyamin N. Ant colony system for robot path planning in global static environment [C] //Proceedings of the 2010 Wseas International Conference on System Science and Simulation in Engineering. ACM Publisher, 2010:192-197.

[88] Cekmez U, Ozsiginan M, Sahingoz O K. Multi colony ant optimization for UAV path planning with obstacle avoidance [C] //Proceedings of the 2016 International Conference on Unmanned Aircraft Systems. IEEE Publisher, 2016: 47-52.

[89] Song L. A study on path planning algorithms based upon particle swarm optimization [J]. Journal of Information & Computational Science, 2015, 12(2): 673-680.

[90] Masehian E, Sedighizadeh D. A multi-objective PSO-based algorithm for robot path planning [C] //Proceedings of the 2010 International Conference on Industrial Technology. IEEE Publisher, 2010: 465-470.

[91] Liu Y, Zhang X, Guan X, et al. Adaptive sensitivity decision based path planning algorithm for unmanned aerial vehicle with improved particle swarm optimization [J]. Aerospace Science & Technology, 2016, 58(11): 92-102.

[92] Chen Y, Luo G, Mei Y, et al. UAV path planning using artificial potential field method updated by optimal control theory [J]. International Journal of Systems Science, 2014, 47(6): 1-14.

[93] Chen X, Zhang J. The three-dimension path planning of UAV based on improved artificial potential field in dynamic environment [C] //Proceedings of the

2013 International Conference on Intelligent Human-Machine Systems and Cybernetics. IEEE Publisher, 2013: 144-147.

[94] 方旭，刘金琨. 四旋翼无人机三维航迹规划及跟踪控制[J]. 控制理论与应用，2015, 32(8): 1120-1128.

[95] 王强，张安，吴忠杰. 改进人工势场法与模拟退火算法的无人机航路规划[J]. 火力与指挥控制，2014, 36(8): 70-73.

[96] Nayl T, Nikolakopoulos G , Gustafsson T. On-line path planning for an articulated vehicle based on model predictive control [C] //Proceedings of the 2013 IEEE International Conference on Control Applications. IEEE Publisher, 2013: 772-777.

[97] Ji J, Khajepour A, Melek W, et al. Path planning and tracking for vehicle collision avoidance based on model predictive control with multi-constraints [J]. IEEE Transactions on Vehicular Technology, 2016, 66(2): 952-964.

[98] Shen C, Shi Y, Buckham B. Model predictive control for an AUV with dynamic path planning [C] //Proceedings of the 2015 Annual Conference of the Society of Instrument and Control Engineers of Japan. IEEE Publisher, 2015: 475-480.

[99] 高晓光，李青原，邸若海. 基于 DBN 威胁评估的 MPC 无人机三维动态路径规[J]. 系统工程与电子技术，2014, 36(11): 2199-2205.

[100] 任佳，高晓光，张艳. 移动威胁情况下的无人机路径规划[J]. 控制理论与应用，2010，27(5): 641-647.

[101] Abudakka F J. A direct approach to solving trajectory planning problems using genetic algorithms with dynamics considerations in complex environments [J]. Robotica, 2015, 33(3): 669-683.

[102] Fu S Y, Han L W, Tian Y, et al. Path planning for unmanned aerial vehicle based on genetic algorithm [C] //Proceedings of the 2012 IEEE International Conference on Cognitive Informatics & Cognitive Computing. IEEE Publisher, 2012: 140-144.

[103] 向祖权，靳超，杜开君，等. 基于粒子群优化算法的水面无人艇分层局部路径规划[J]. 武汉理工大学学报，2015, 37(7): 38-45.

[104] Cheng Z, Wang E, Tang Y, et al. Real-time path planning atrategy for UAV based on improved particle swarm optimization [J]. Journal of Computers, 2014, 9(1): 209-214.

[105] 刘洋，章卫国，李广文，等. 动态环境中的无人机路径规划方法[J]. 北京航空航天大学学报，2014, 40(2): 252-256.

[106] 柳长安，鄢小虎，刘春阳，等. 基于改进蚁群算法的移动机器人动态路径规划方法[J]. 电子学报，2011, 39(5): 1220-1224.

[107] 符小卫，李建，高晓光. 带通信约束的多无人机协同搜索中的目标分配[J]. 航空学报，2014, 35(5): 1347-1356.

[108] Jo Y H, Yoon I S, Kim S U, et al. A study on the MAC (media access control) protocol for unmanned aerial vehicle (UAV) [J]. The Journal of the Korea institute of electronic communication sciences, 2016, 11(1): 119-124.

[109] Lin L, Sun Q, Li J, et al. A novel geographic position mobility oriented routing strategy for UAVs [J]. Journal of Computational Information Systems, 2012, 8(2): 709-716.

[110] Rosati S, Krużelecki K, Heitz G, et al. Dynamic routing for flying ad hoc networks [J]. IEEE Transactions on Vehicular Technology, 2016, 65(3): 1690-1700.

[111] Guo G, Ding L, Han Q L. A distributed event-triggered transmission strategy for sampled-data consensus of multi-agent systems [J]. Automatica, 2014, 50(5): 1489-1496.

[112] Milner S, Davis C, Zhang H, et al. Nature-inspired self-organization, control, and optimization in heterogeneous wireless networks [J]. IEEE transactions on mobile computing, 2012, 11(7): 1207-1222.

[113] You K, Xie L. Network topology and communication data rate for consensusability of discrete-time multi-agent systems [J]. IEEE Transactions on Automatic Control, 2011, 56(10): 2262-2275.

[114] Movric K H, Lewis F L. Cooperative optimal control for multi-agent systems on directed graph topologies [J]. IEEE Transactions on Automatic Control, 2014, 59(3): 769-774.

[115] Shah S M, Samar R. Cooperative communication in 3-UAVs: Performance

analysis with BICM transmission [C] //Proceedings of the 2012 International Bhurban Conference on Applied Sciences & Technology. IEEE Publisher, 2012: 100-105.

[116] Liu H, Dai Q. Adaptive information interactive mechanism for multi-UAV visual navigation [C] //Proceedings of the International Society for Optics and Engineering. SPIE Publisher, 2012: SPIE 2012-838705.

[117] 符小卫，程思敏，高晓光. 无人机协同中继过程中的路径规划与通信优化[J]. 系统工程与电子技术，2014, 36(5): 890-894.

[118] 晋一宁，吴炎烜，范宁军. 群无人机动态环境分布式持续覆盖算法[J]. 北京理工大学学报，2016, 36(6): 588-592.

[119] Ho D T, Shimamoto S, Johansen T A. Optimal relay path selection and cooperative communication protocol for a swarm of UAVs [C] //Proceedings of the 2012 IEEE Globecom Workshops. IEEE Publisher, 2012: 1585-1590.

[120] Wang Q, Chen J, Hao F. Fault-tolerant topokogy control algorithm for mobile robotic network [J]. International Journal of Control, Automation, and Systems, 2014, 12(3): 582-589.

[121] Kopeikin A N, Ponda S S, Johnson L B, et al. Multi-UAV network control through dynamic task allocation: ensuring data-rate and bit-error-rate support [C] //Proceedings of the 2012 IEEE Globecom Workshops. IEEE Publisher, 2012: 1579-1584.

[122] Kopeikin A N, Ponda S S, Johnson L B, et al. Real-time dynamic planning to maintain network connectivity in a team of unmanned air vehicles [C] //Proceedings of the 2011 IEEE Globecom Workshops. IEEE Publisher, 2011: 1303-1307.

[123] 朱黔，周锐. 面向目标跟踪的多机协同通信保持控制[J]. 控制理论与应用，2015, 32(11): 1551-1560.

[124] Al-Ani A D, Seitz J. QoS-aware routing in multi-rate ad hoc networks based on ant colony optimization [J]. Network Protocols and Algorithms, 2016, 7(4): 1-25.

[125] Duan D L, Ling X D, Wu X Y, et al. Reconfiguration of distribution

network for loss reduction and reliability improvement based on an enhanced genetic algorithm [J]. International Journal of Electrical Power & Energy Systems, 2015, 64(1): 88-95.

[126] Sakamoto S, Oda T, Kulla E, et al. Performance analysis of WMNs using simulated annealing algorithm for different temperature values [C] //Proceedings of the 2013 International Conference on Complex, Intelligent, and Software Intensive Systems. IEEE Publisher, 2013: 164-168.

[127] Kulkarni R V, Venayagamoorthy G K. Particle swarm optimization in wireless-sensor networks: A brief survey [J]. IEEE Transactions on Systems, Man, and Cybernetics, Part C (Applications and Reviews), 2011, 41(2): 262-267.

[128] Ho D, Grøtli E I, Sujit P B, et al. Cluster-based communication topology selection and UAV path planning in wireless sensor networks [C] //Proceedings of the 2013 International Conference on Unmanned Aircraft Systems. IEEE Publisher, 2013: 59-68.

[129] Keerthipriya N, Latha R S. Adaptive cluster formation in MANET using particle swarm optimization [C] //Proceedings of the 2015 International Conference on Signal Processing, Communication and Networking. IEEE Publisher, 2015: 1-7.

[130] Dengiz O, Konak A, Smith A E. Connectivity management in mobile ad hoc networks using particle swarm optimization [J]. Ad Hoc Networks, 2011, 9(7): 1312-1326.

[131] Singh B, Lobiyal D K. A novel energy-aware cluster head selection based on particle swarm optimization for wireless sensor networks [J]. Human-Centric Computing and Information Sciences, 2012, 2(1): 13-30.

[132] Gong M G, Cai Q, Chen X W, et al. Complex network clustering by multiobjective discrete particle swarm optimization based on decompostion [J]. IEEE Transcations on Evolutionary Computation, 2014, 18(1): 82-97.

[133] Kennedy J, Eberhart R. Particle swarm optimization [C] //Proceedings of the 1995 International Conference on Neural Networks. IEEE Publisher, 1995: 1942-1948.

[134] Kennedy J, Eberhart R C. A discrete binary version of the particle swarm

algorithm [C] //Proceedings of the 1997 International Conference on Computational Cybernetics and Simulation. IEEE Publisher, 1997: 4104-4108.

[135] 刘建华，杨荣华，孙水华. 离散二进制粒子群算法分析[J]. 南京大学学报自然科学版，2011, 47(5): 504-514.

[136] Huang F, Bai Y, Du W C. Maritime radio popagation with the effects of ship motions [J]. Journal of communications, 2015, 10(5): 345-351.

[137] 郝晓辰，窦晶晶，刘彬. 基于路径损耗的无线传感器网络分布式拓扑控制算法[J]. 软件学报，2009, 20(12): 3213-3222.

[138] Olascuaga-Cabrera J G, López-Mellado E, Mendez-Vazquez A. A multi-objective PSO strategy for energy-efficient ad-hoc networking [C] //Proceedings of the 2011 IEEE International Conference on Systems, Man, and Cybernetics. IEEE Publisher, 2011: 2632-2639.

[139] 王强，张安，宋志蛟. UAV 协同任务分配的改进 DPSO 算法仿真研究[J]. 系统仿真学报，2014, 26(5): 1149-1155.

[140] 郭森，秦贵和，张晋东，等. 多目标车辆路径问题的粒子群优化算法研究[J]. 西安交通大学学报，2016, 50(9): 97-104.

[141] Chen J, Gao X, Ding L. Design and operation strategies of the system for destroying time-sensitive target based on system effectiveness [J]. Journal of Systems Engineering and Electronics, 2008, 19(6): 1151-1156.

[142] Chen S D, Liu J X. Study on cooperative attack strategy to time-sensitive target based proactive information delivery [C] //Proceedings of the 2012 International Conference on Machine Learning and Cybernetics. IEEE Publisher, 2012: 972-976.

[143] Evers L, Barros A I, Monsuur H, et al. Online stochastic UAV mission planning with time windows and time-sensitive targets [J]. European Journal of Operational Research, 2014, 238(1): 348-362.

[144] 王婷，符小卫，高晓光. 基于改进遗传算法的异构多无人机任务分配[J]. 火力与指挥控制，2013, 38(5): 37-41.

[145] Liang Y, Wu J, Jia Y, et al. UAV path planning for passive multi-target following in complex environment [C] //Proceedings of the 2013 Chinese Control

Conference. IEEE Publisher, 2013:7863-7868.

[146] T. Shima, S. J. Rasmussen, P. Chandler. UAV team decision and control using efficient collaborative estimation [J]. Journal of Dynamic Systems, Measurement and Control, 2007, 129(5): 609-619.

[147] 孙海波，周锐，邹丽，等. 通信和测量受限条件下异构多 UAV 分布式协同目标跟踪方法[J]. 航空学报，2011, 32(2): 299-310.

[148] Ben-Asher Y, Feldman S, Gurfil P, et al. Distributed decision and control for cooperative UAVs using ad hoc communication [J]. IEEE Transactions on Control Systems Technology, 2008, 16(3): 511-516.

[149] 符小卫，冯慧成，高晓光. 通信距离约束下双无人机目标跟踪算法[J]. 系统工程与电子技术，2013, 35(8): 1663-1668.

[150] Mirzaei M, Gordon B, Rabbath C A, et al. Cooperative multi-UAV search problem with communication delay [C] //Proceedings of the 2010 AIAA Guidance, Navigation, and Control Conference. AIAA Publisher, 2010: AIAA 2010-8420.

[151] Sun Y Q, Peng J, Liu T, et al. Uneven clustering routing protocol based on dynamic partition for wireless sensor network [J]. Journal on Communications, 2014, 35(1): 198-206.